水利工程建设与项目管理新探

贺志贞　黄建明◎　著

吉林科学技术出版社

图书在版编目（CIP）数据

水利工程建设与项目管理新探 / 贺志贞，黄建明著
. -- 长春 : 吉林科学技术出版社，2021.8
ISBN 978-7-5578-8480-2

Ⅰ. ①水… Ⅱ. ①贺… ②黄… Ⅲ. ①水利建设②水利工程管理 Ⅳ. ①TV

中国版本图书馆 CIP 数据核字(2021)第 151907 号

水利工程建设与项目管理新探

著　　贺志贞　黄建明
出 版 人　宛　霞
责任编辑　李永百
封面设计　金熙腾达
制　　版　金熙腾达
幅面尺寸　185mm×260mm　1/16
字　　数　246 千字
印　　张　11
印　　数　1—1500 册
版　　次　2021 年 8 月第 1 版
印　　次　2022 年 5 月第 2 次印刷

出　　版　吉林科学技术出版社
发　　行　吉林科学技术出版社
地　　址　长春市净月区福祉大路 5788 号
邮　　编　130118
发行部电话/传真　0431-81629529　81629530　81629531
81629532　81629533　81629534
储运部电话　0431-86059116
编辑部电话　0431-81629518
印　　刷　保定市铭泰达印刷有限公司

书　　号　ISBN 978-7-5578-8480-2
定　　价　45.00 元

前　言

水利工程项目的存在是为了促进经济和社会的发展，同时能够有效控制洪涝灾害，在特殊时期起到抗旱、蓄水，兼具发电等功能。水利工程的这些功能不仅能够减少污染，还能大大改善人们的生产生活面貌。但是这些都需要以良好的水利工程项目管理基础，相关人员、企业必须采取有效措施确保工程建设质量，提升水利工程项目管理工作水平，充分发挥水利工程的作用。水利工程项目管理，是在水利工程项目生命周期内进行的有效规划、组织、协调、控制等系统管理活动，目的是在限定的时间、质量要求、投资总额的约束条件下最优地实现项目建设，达到预定的目标。

尽管我国现代工程项目管理系统研究和实践较晚，但业内人士已认识到实行项目管理的重大意义。近年来工程项目管理方面的改革步伐明显加快，社会各界都在为建设我国的现代项目管理体系而努力。

鉴于此，作者撰写了《水利工程建设与项目管理新探》一书。全书共有六章：第一章是绪论，内容包括水利建设工程概述、水利建设工程项目特点、水利建设工程项目管理内涵以及水利工程项目管理理论创新；第二章阐述水利建设的工程技术管理，内容涵盖水利建设关键技术、水利建设地基处理、水利建设导截流工程、水利建设土石坝与水闸工程；第三章是水利建设工程项目施工管理，内容包括水利建设工程项目施工成本管理、水利建设工程项目施工进度、水利建设工程项目施工质量管理与评定以及水利建设工程项目水土保持管理；第四章从现代水利建设工程施工的组织设计、业主方组织管理、承包方组织管理以及监理咨询方组织管理方面，对水利建设工程项目组织管理进行了探究；第五章为水利建设工程项目的环境保护管理分析，内容囊括水利建设工程水土保持的方案规划、水利建设项目环境保护要求以及水利建设项目水土保持的文明施工；第六章探讨了水利建设工程项目管理的现代化———水利建设工程项目管理规范化、专业化、信息化以及和谐化。

本书在写作过程中参阅了大量与水利建设及项目管理相关的文献，同时为保证论述的准确与全面，本书引用了许多专家与学者的相关研究成果或观点，在此表示诚挚的谢意。因写作水平有限，书中难免有疏漏之处，恳请广大读者批评指正。

前言

目　　录

第一章　绪　论

第一节　水利建设工程概述

一、水利工程的内涵

（一）水利工程的分类

水利工程是用于控制和调配自然界的地表水和地下水，达到除害兴利目的而修建的工程，也称为水工程，包括防洪、排涝、灌溉、水力发电、引（供）水、滩涂治理、水土保持、水资源保护等各类工程。水是人类生产和生活必不可少的宝贵资源，但其自然存在的状态并不完全符合人类的需要。只有修建水利工程，才能控制水流，防止洪涝灾害，调节和分配水量，最终达到人民生活和生产对水资源的使用要求。水利工程主要服务于防洪、排水、灌溉、发电、水运、水产、工业用水、生活用水和改善环境等方面①。

1.按工程功能或服务对象分类

（1）防洪工程。防洪工程是防止洪水灾害的工程。

（2）农业生产水利工程。农业生产水利工程是为农业、渔业服务的水利工程总称，具体包括：第一，农田水利工程——防止旱、涝、渍灾，为农业生产服务的农田水利工程（或称灌溉和排水工程）；第二，渔业水利工程——保护和增进渔业生产的渔业水利工程；第三，海涂围垦工程——围海造田，满足工农业生产或交通运输需要的海涂围垦工程等。

（3）水力发电工程。水力发电工程是将水能转化为电能的水力发电工程。

（4）航道和港口工程。航道和港口工程是改善和创建航运条件的航道和港口工程。

（5）供（排）水工程。供（排）水工程是为工业和生活用水服务，并处理和排除污水和雨水的城镇供水和排水工程。

（6）环境水利工程。环境水利工程是防止水土流失和水质污染，维护生态平衡的水土

---

①李京文.水利工程管理发展战略[M].北京：方志出版社，2016.

保持工程和环境水利工程。

一项水利工程同时为防洪、灌溉、发电、航运等多种目标服务的,称为综合利用水利工程。

2.按水利工程投资主体分类

(1)中央政府投资的水利工程。中央政府投资的水利工程也称国有工程项目。这样的水利工程一般都是跨地区、跨流域,建设周期长、投资数额巨大的水利工程,对社会和群众的影响范围广大而深远,在国民经济的投资中占有一定比重,其产生的社会效益和经济效益也非常明显。如黄河小浪底水利枢纽工程、长江三峡水利枢纽工程、南水北调工程等。

(2)地方政府投资兴建的水利工程。地方政府投资兴建的水利工程有两种类型。有一些水利工程属地方政府投资的,属国有性质,仅限于小流域、小范围的中型水利工程,但其在当地发挥的作用相当大,不可忽视。也有一部分是国家投资兴建的,之后又交给地方管理的项目,属于地方管辖的水利工程。如陆浑水库、尖岗水库等。

(3)集体兴建的水利工程。集体兴建的水利工程是计划经济时期大集体兴建的项目,由于农村经济体制改革,又加上长年疏于管理,这些工程有的已经废弃,有的处于半废弃状态,只有一小部分还在发挥着作用。其实星罗棋布的小型水利设施,仍在防洪抗旱方面发挥着不小的作用。例如以前修的引黄干渠,农闲季节开挖的排水小河、水沟等。

(4)个体兴建的水利工程。个体兴建的水利工程是在改革开放之后,特别是在20世纪90年代之后才出现的。这种工程虽然不大,但一经出现便表现出很强的生命力,既有防洪、灌溉功能,又有恢复生态的功能,还有旅游观光的功能,工程项目管理得也好,这正是局部地区应当提倡和兴建的水利工程。

3.按规模大小分类

(1)按水利部的管理规定划分。水利基本建设项目根据其规模和投资额分为大中型项目和小型项目。

大中型项目是指满足下列条件之一的项目:

堤防工程:一、二级堤防。

水库工程:总库容1亿m^3以上。

水电工程:电站总装机容量5万kW以上。

灌溉工程:灌溉面积30万亩以上。

供水工程:日供水10万t以上。

总投资在国家规定限额(3 000万元)以上的项目。

小型项目是指上述规模标准以下的项目。

（2）按照水利行业标准划分。按照《水利水电工程等级划分及洪水标准》（SL 252—2017）的规定，水库工程项目总库容在0.1亿~1亿m^3的为中型水库，总库容大于1亿m^3的为大型水库；灌区工程项目灌溉面积在5万~50万亩的为中型灌区，灌溉面积大于50万亩的为大型灌区；供水工程项目工程规模以供水对象的重要性分类；拦河闸工程项目过闸流量在100~1 000 m^3/s的为中型项目，过闸流量大于1 000 m^3/s的为大型项目。

（二）水利工程的特点

水利工程原是土木工程的一个分支，但随着水利工程本身的发展，逐渐具备自己的特点，在国民经济中的地位日益重要，已成为一门相对独立的技术学科，具有以下四个特征：

1.规模大，工程复杂

水利工程一般规模大，工程复杂，工期较长。工作中涉及天文地理等自然知识的积累和实施，其中又涉及各种水的推力、渗透力等专业知识与各地区的人文风情和传统。水利工程的建设时间很长，需要几年甚至更长的时间准备和筹划，人力物力的消耗也很大。例如丹江口水利枢纽工程、三峡工程等。

2.综合性强，影响大

水利工程的建设会给当地居民带来很多好处，消除自然灾害。可是由于兴建会导致人与动物的迁徙，有一定的生态破坏，同时也要与其他各项水利有机组合，符合国民经济的政策。为了使损失和影响面缩小，就需要在工程规划设计阶段系统性、综合性地进行分析研究，从全局出发，统筹兼顾，达到经济和社会效益的最佳组合。

3.效益具有随机性

每年的水文状况或其他外部条件的改变会导致整体经济效益的变化。农田水利工程还与气象条件的变化有密切联系。

4.对生态环境有很大影响

水利工程不仅对所在地区的经济和社会产生影响，而且对江河、湖泊以及附近地区的自然面貌、生态环境、自然景观都将产生不同程度的影响，甚至会改变当地的气候和动物的生存环境。这种影响有利有弊。

（1）对生态环境的正面影响。从正面影响来说，主要是有利于改善当地水文生态环境，修建水库可以将原来的陆地变为水体，增大水面面积，增加蒸发量，缓解局部地区在温度和湿度上的剧烈变化，在干旱和严寒地区尤为适用；可以调节流域局部小气候，主要表现在降雨、气温、风等方面。由于水利工程会改变水文和径流状态，所以会影响水质、水温和泥沙条件，从而改变地下水补给，提高地下水位，影响土地利用。

（2）对生态环境的负面影响。从负面影响来说，由于工程对自然环境进行改造，势必会产生一定的负面影响。以水库为例,兴建水库会直接改变水循环和径流情况。从国内外水库运行经验来看,蓄水后的消落区可能出现滞流缓流,从而形成岸边污染带;水库水位降落侵蚀,会导致水土流失严重,加剧地质灾害发生;周围生物链改变、物种变异,影响生态系统稳定。任何事情都有利有弊,关键在于如何最大限度地削弱负面影响。

随着技术的进步,水利工程的作用,不仅要满足日益增长的人民生活和工农业生产发展对水资源的需要,而且要更多地为保护和改善环境服务。

二、水利工程建设流程解析

(一)水利工程建设的前期设计

水利工程建设项目根据国家总体规划以及流域综合规划,开展前期工作。水利工程建设项目前期设计工作的内容共三项,即拟定项目建议书、可行性研究报告和初步设计(或扩大初步设计)①。项目建议书和可行性研究报告由项目所属的行政主管部门组织编制,报上级政府主管部门审批。大中型及限额以上水利工程项目由水利部提出初审意见(水利部一般委托水利部水利水电规划设计总院或项目所属流域机构进行初审)报国家发展和改革委员会(以下简称国家发改委)(国家发改委一般委托中国工程投资咨询公司进行评估)审批。初步设计由项目法人委托具备相应资质的设计单位负责设计,报项目所属的行业主管部门审批。

1.拟定项目建议书

项目建议书应根据国民经济和社会发展规划、流域综合规划、区域综合规划、专业规划,按照国家产业政策和国家有关建设投资方向,经过调查、预测,提出建设方案并经初步分析论证进行建议书的编制,是对拟进行建设项目的必要性和可能性提出的初步说明。水利工程的项目建议书一般由项目主管单位委托具有相应资质的工程咨询或设计单位编制。

堤防加高、加固工程,病险水库除险加固工程,拟列入国家基本建设投资年度计划的大型灌区改造工程,节水示范工程,水土保持、生态建设工程以及小型省际边界工程可简化立项程序,直接编制项目可行性研究报告申请立项。

报批程序为:大中型项目、中央项目、中央全部投资或参与投资的项目,由国家发改委审批。小型或限额以下工程项目,按隶属关系,由各主管部门或省、自治区、直辖市和计划单列市发展改革委员会审批。

---

①王海雷,王力,李忠才.水利工程管理与施工技术[M].北京:九州出版社,2018.

2.可行性研究报告

可行性研究报告应根据批准的项目建议书,对项目进行方案比较,对技术是否可行和经济上是否合理进行充分的科学分析和论证。

可行性研究是项目前期工作最重要的内容,它从项目建设和运行的全过程分析项目的可行性。可行性研究的结论为投资者最终决策提供直接的依据。经过批准的可行性研究报告,是初步设计的重要依据。水利工程的可行性研究报告一般由项目主管部门委托具有相应资质的设计单位或咨询单位编制。可行性研究报告报批时,应将项目法人组建机构设置方案和经环境保护主管部门审批通过的项目环境影响评价报告同时上报。可行性研究报告审批程序与项目建议书一致,可行性研究报告审批通过后,项目即立项。

3.初步设计

根据批准的可行性研究报告开展的初步设计是在满足设计要求的地质勘查工作及资料的基础上,对设计对象进行的通盘研究,进一步详细论证拟建项目工程方案在技术上的可行性和经济上的合理性,确定项目的各项基本参数,编制项目的总概算。其中概算静态总投资原则上不得突破已批准的可行性研究报告估算的静态总投资。由于工程项目基本条件发生变化,引起工程规模、工程标准、设计方案、工程量的改变,其静态总投资超过可行性研究报告相应估算静态总投资 15%以下时,要对工程变化内容和增加投资提出专题分析报告。超过 15%以上时,必须重新编制可行性研究报告,并按原程序报批。

初步设计报告按照《水利水电工程初步设计报告编制规程》编制,同时上报项目建设及建成投入使用后的管理机构的批复文件和管理维护经费承诺文件。经批准后的初步设计主要内容不得修改或变更,并作为项目建设实施的技术文件基础。在工程项目建设标准和概算投资范围内,依据批准的初步设计原则,一般非重大设计变更、生产性子项目之间的调整,由主管部门批准。在主要内容上有重要变动或修改(包括工程项目设计变更、子项目调整、概算调整)等,应按程序上报原批准机关复审同意。

(二)水利工程建设的实施

1.施工准备

水利工程建设项目初步设计文件已批准,项目投资来源基本落实,可以进行主体工程招标设计、组织招标工作以及现场施工准备等工作。

施工准备阶段任务主要包括工程项目的招投标(监理招投标、施工招投标)、征地移民、施工临建和“四通一平”(即通水、通电、通信、通路,场地平整)工作等。同时项目法人须向主管部门办理质量监督手续和办理开工报告等。

项目法人或建设单位向主管部门提出主体工程开工申请报告,按审批权限,经批准后,方能正式开工。

主体工程开工,必须具备五个条件:第一,前期工程各阶段文件已按规定批准;第二,建设项目已列入国家或地方的年度建议计划,年度建设资金已落实;第三,主体工程招标已经决标,工程承包合同已经签订,并得到主管部门同意;第四,现场施工准备和征地移民等建设外部条件能够满足主体工程开工需要;第五,施工详图设计可以满足初期主体工程施工需要。

2.建设实施

工程建设项目的主体工程开工报告经批准后,监理工程师应对承包人的施工准备情况进行检查,经检查确认能够满足主体工程开工的要求,总监理工程师即可签发主体工程开工令,标志着工程正式开工,工程建设由施工准备阶段进入建设实施阶段。

项目建设单位要按批准的建设文件,充分发挥管理的主导作用,协调设计、监理、施工以及地方等各方面的关系,实行目标管理。建设单位应与设计、监理、工程承包等单位签订合同,各方应按照合同,严格履行。

(1)项目建设单位要建立严格的现场协调或调度制度。及时研究解决设计、施工的关键技术问题。从整体效益出发,认真履行合同,积极处理好工程建设各方的关系,为施工创造良好的外部条件。

(2)监理单位受项目建设单位委托,按合同规定,在现场从事组织、管理、协调、监督工作。同时,监理单位要站在独立公正的立场上,协调建设单位与施工等单位之间的关系。

(3)设计单位应按合同和施工计划及时提供施工详图,并确保设计质量。按工程规模,派出设计代表组进驻施工现场,解决施工中出现的与设计有关的问题。施工详图经监理单位审核后交承包人施工。设计单位应对施工过程中提出的合理化建议认真分析、研究后迅速回复,并及时修改设计,如不能采纳应予以说明原因,若有意见分歧,由建设单位组织设计、监理、施工有关各方共同分析研究,形成结论意见备案。如涉及初步设计重大变更问题,应由原初步设计批准部门审定。

(4)施工企业要切实加强管理,认真履行签订的承包合同。在每一子项目实施前,要将所编制的施工计划、技术措施及组织管理情况报项目建设单位或监理人审批。

(三)水利工程建设的收尾

1.生产准备

生产准备是为保证工程竣工投产后能够有效发挥工程效益而进行的机构设置、管理制度制定、人员培训、技术准备、管理设施建设等工作。

近年来,由于国家积极推行项目法人责任制,项目的筹建、实施、运行管理全部由项目法人负责，项目法人在筹建、实施中就项目未来的运行管理等方面做出了规划和准备，建设管理人员基本都参与到未来项目的运行管理中，为项目的有效运行提前做好了准备。项目法人制的推行，使得项目建设与运行管理脱节问题得到了有效解决。

2. 工程验收

水利工程验收是全面考核建设项目成果的主要程序，要严格按国家国家包含水利部颁布的验收规程进行。

第一，阶段验收。阶段验收是工程竣工验收的基础和重要内容，凡能独立发挥作用的单项工程均应进行阶段验收，如截流（包括分期导流）、下闸蓄水、机组起动、通水等，都是重要的阶段验收。

第二，专项验收。专项验收是对服务于主体工程建设的专项工程进行的验收，包括征地移民专项验收、环境保护工程专项验收、水土保持工程专项验收和工程档案专项验收。专项验收的程序和要求按照水利行业有关部门的要求进行，专项工程不进行验收的项目，不得进行工程竣工验收。

第三，工程竣工验收。工程竣工验收应注意：①工程基本竣工时，项目建设单位应按验收标准要求组织监理、设计、施工等单位提出有关报告，并按规定将施工过程中的有关资料、文件、图纸造册归档；②在正式竣工验收之前，应根据工程规模由主管部门或由主管部门委托项目建设单位组织初步验收，对初验查出的问题应在正式验收前解决；③质量监督机构要对工程质量提出评价意见；④验收主持部门根据初验情况和项目建设单位的申请验收报告，决定竣工验收具体相关事宜。

此外，国家重点水利建设项目由国家发展和改革委员会会同水利部主持验收。部属重点水利建设项目由水利部主持验收。部属其他水利建设项目由流域机构主持验收，水利部进行指导。中央参与投资的地方重点水利建设项目由省（自治区、直辖市）政府会同水利部或流域机构主持验收。地方水利建设项目由地方水利主管部门主持验收。其中，大型建设项目验收，水利部或流域机构派员参加；重要中型建设项目验收，流域机构派员参加。

3. 项目后评价

水利工程项目后评价是水利工程基本建设程序中的一个重要阶段，是对项目的立项决策、设计施工、竣工生产、生产运营等全过程的工作及其变化的原因，进行全面系统的调查和客观的对比分析所做的综合评价。其目的是通过工程项目的后评价，总结经验，吸取教训，不断提高项目决策、工程实施和运营管理水平，为合理利用资金、提高投资效益、改进管理、制定相关政策等提供科学依据。

（1）项目后评价组织。项目后评价组织层次一般分为三个：项目法人的自我评价、本行业主管部门的评价和项目立项审批单位组织的评价。

(2)项目后评价的依据。项目后评价的依据为项目各阶段的正式文件,主要包括项目建议书、可行性研究报告、初步设计报告、施工图设计及其审查意见、批复文件、概算调整报告、施工阶段重大问题的请示及批复、工程竣工报告、工程验收报告和审计后的工程竣工决算及主要图纸等。

(3)项目后评价的方法。项目后评价的方法包括以下几个:

第一,统计分析法。统计分析法包括项目已经发生事实的总结,以及对项目未来发展的预测。所以,在项目后评价中,只有具有统计意义的数据才是可比的。项目后评价时点的统计数据是评价对比的基础,项目后评价时点的数据是对比的对象,项目后评价时点以后的数据是预测分析的依据。根据这些数据,采用统计分析的方法,进行评价预测,然后得出结论。

第二,有无对比法。项目后评价方法的一条基本原则是对比原则,包括前后对比,预测和实际发生值的对比,有无项目的对比法是通过对比找出变化和差距,为分析问题找出原因。

第三,逻辑框架法。逻辑框架法是一种概念化论述项目的方法,即用一张简单的框图来分析一个复杂项目的内涵和关系,将几个内容相关、必须同步考虑的动态因素组合起来,通过分析其中的关系,从设计、策划、目的、目标等角度来评价一项活动或工作。它是事物的因果逻辑关系,即"如果"提供了某种条件,"那么"就会产生某种结果;这些条件包括事物内在的因素和事物所需要的外部因素。此方法为项目计划者或评价者提供了一种分析框架,用来确定工作的范围和任务,为达到目标进行逻辑关系的分析。

(4)项目后评价成果。项目后评价报告是评价结果的汇总,应真实反映情况,客观分析问题,认真总结经验。同时项目后评价报告也是反馈经验教训的主要文件形式,必须满足信息反馈的需要。

项目后评价报告的编写要求:报告文字准确清晰,尽可能不用过分专业化的词汇,包括摘要、项目概况、评价内容、主要变化和问题、原因分析、经验教训、结论和建议、评价方法说明等。

项目后评价报告的内容:第一,项目背景,包括项目的目标和目的、建设内容、项目工期、资金来源与安排、项目后评价的任务要求以及方法和依据等;第二,项目实施评价,包括项目设计、合同情况,组织实施管理情况,投资和融资、项目进度情况;第三,效果评价,包括项目运营和管理评价、财务状况分析、财务和经济效益评价、环境和社会效果评价、项目的可持续发展状况;第四,结论和经验教训,包括项目的综合评价、结论、经验教训、建议对策等。

项目后评价报告格式:报告的基本格式包括报告的封面(包括编号、密级、后评价者名称、日期等)、封面内页(世行、亚行要求说明的汇率、英文缩写及其他需要说明的问题)、项目基础数据、地图、报告摘要、报告正文(包括项目背景、项目实施评价、效果评价、结论和经验教训)、附件(包括项目的自我评价报告、项目后评价专家组意见、其他附件)、附表(图)(包括项目主要效益指标对比表、项目财务现金流量表、项目经济效益费用流量表、企业效益指标有无对比表、项目后评价逻辑框架图、项目成功度综合评价表)。

第二节 水利建设工程项目特点

一、水利水电工程建设项目的内涵

项目是指在一定的约束条件(如限定时间、费用以及质量标准等)下,具有特定的明确目标和完整组织结构的一次性任务或管理对象。项目具有项目的一次性(单件性)、目标的明确性和项目的整体性三个特征,只有同时具备这三个特征的任务才能称为项目①。

为了加强管理,提高完成任务的效果和水平,应对项目进行分类。项目主要有科学研究项目、工程项目、航天项目、维修项目、咨询项目等,在此基础上还可以根据需要对每一类项目进一步进行分类。

工程项目是项目中数量最大的一类,既可以按专业将其分为建筑工程、公路工程、水电工程、港口工程、铁路工程等项目,也可以按设计或施工等管理对象不同将其划分为建设项目、设计项目、工程咨询项目和施工项目等。

(一)水利水电工程建设项目的类型

基本建设项目是指按照一个总体设计进行施工,由一个或若干个单项工程组成,经济上实行统一核算,行政上实行统一管理的基本建设工程实体,如一条公路、一项水利枢纽工程等。基本建设项目通过国民经济各部门利用国家预算拨款、自筹资金、国内外基本建设贷款以及其他专项基金进行,以扩大生产能力(或增加工程效益)为主要目的的新建、扩建、改建、技术改造、更新和恢复工程及有关工作。换言之,基本建设就是指固定资产的建设,即建筑、安装和购置固定资产的活动及其与之相关的工作。

基本建设项目的特征是规模大、建设周期长、影响因素复杂等。正确进行建设项目划

①刘长军.水利工程项目管理[M].北京:中国环境出版社,2013.

分，不仅是组织招投标与施工、编制基本建设计划、编制概预算、组织材料供应、组织招标投标的需要，也是安排施工和控制投资拨付款项、进行质量工期和成本控制、实行经济核算等生产经营管理的需要。基本建设工程通常按项目本身的内部组织，将其划分为单项工程、单位工程、分部工程和分项工程。

1.单项工程

单项工程是一个建设项目中，具有独立的设计文件，可以独立组织施工，建成后能够独立发挥生产能力和使用效益的工程。如一个水利枢纽工程的厂房、引水工程、泄洪工程、发电站、拦河大坝等。

单项工程是具有独立存在意义的一个完整工程，也是一个极为复杂的综合体，它由许多单位工程所组成，例如一个水利枢纽工程的引水工程可以分为进水口、引水隧洞、调压井、压力管道等单位工程。

2.单位工程

作为单项工程的组成部分之一，单位工程具有独立的设计文件，可以独立组织施工，但完工后不能独立发挥效益的工程。每一个单位工程仍是一个较大的组合体，其本身仍是由许多的结构或更小的部分组成的，所以对单位工程还需要进一步划分。例如一个水利枢纽工程，引水工程的引水隧洞，可以细分为石方开挖、土方开挖、混凝土工程、金属设备安装、电气设备安装等分部工程。

3.分部工程

分部工程是单位工程的组成部分，是按工程部位、设备种类和型号、使用的材料和工种的不同对单位工程所做的进一步划分，但不能进行独立施工的部分。

分部工程是编制工程造价、组织施工、质量评定、工程结算与成本核算的基本单位，但在分部工程中，由于施工部位不同、施工方法不同、使用设备和材料不同等，工程造价和成本自然不同，所以为便于管理，还必须把分部工程按照不同的施工方法、不同的材料、不同的部位等做进一步的划分。例如一个水利枢纽工程，引水工程中引水隧洞工程的混凝土工程，可以细分为隧洞底板混凝土工程、隧洞边墙混凝土工程、隧洞顶拱混凝土工程等。

4.分项工程

分项工程是分部工程的重要组成部分，通常将人力物力消耗定额相近的结构部位归为同一分项工程，施工过程较为简单，以便用适当计量单位计算其工程量大小的建筑或设备安装工程产品。

（二）水利水电工程建设的具体项目

水利水电建设项目常常是由建设种类多、涉及面广的多性质水工建筑物构成，例如大中型水利水电工程除拦河大坝、主副厂房外，还有变电站、开关站、输变电线路、引水系统、泄洪设施、公路、桥涵、给排水系统、供风系统、通信系统、辅助企业、文化福利建筑等，难以严格按单项工程、单位工程等确切划分，在编制水利水电工程施工组织设计和概预算时，通常按照以下几种方法对项目进行划分：

(1)两大类型。水利水电建设项目划分为：一类是枢纽工程(水库、水电站和其他大型独立建筑物)；另一类是引水工程及河道工程(供水工程、灌溉工程、河湖整治工程、堤防工程)。

(2)五大部分。水利水电枢纽工程和引水工程及河道工程又划分为建筑工程、机电设备及安装工程、金属结构设备及安装工程、施工临时工程和独立费用五大部分。

(3)三级项目。根据水利工程性质，其工程项目分别按枢纽工程、引水工程及河道工程划分，投资估算和设计概算要求每部分从大到小又划分为一级项目、二级项目、三级项目，其中一级项目相当于单项工程，二级项目相当于单位工程，三级项目相当于分部工程。

二、水利水电工程建设的特征

水利水电工程建设具有与其他建设项目不同的施工特点和建筑物形态。

(一)水利水电工程建设施工的特征分析

1.建设过程具有综合性

水利水电工程建设首先由勘察单位进行勘测，设计单位进行设计，建设单位进行施工准备，施工单位进行工程施工，最后经过竣工验收才能交付使用。尤其施工过程，涉及施工单位、业主、金融机构、设计单位、监理单位、材料供应部门、分包单位等多个单位、多个部门的相互配合、相互协作，决定了水利水电工程建设过程具有很强的综合性。

2.受自然条件影响大

水文、气象、地形和地质等自然条件，在很大程度上影响着工程施工的难易程度和施工方案的取舍。所以在勘测、规划、设计和施工过程中，要特别注意这一问题。

3.综合利用制约因素多

在河道上修建水利水电枢纽时，必须考虑施工期间河道的通航、灌溉、发电、供水和防洪等多种因素和多部门利益，因而施工组织复杂，这就要求从河流综合利用的全局出发，组织好施工导流工作。

4.工程量巨大

水利水电枢纽工程量巨大，修建时需要花费大量的资金、材料和劳动力，需要使用各种类型的机械设备。因水电工程多处于高山峡谷地区，交通运输十分不便，所以施工工期很长，少则1~2年，多则3~4年、5~6年，甚至10年以上。所以它必须长期大量占用和消耗人力、物力和财力，要到整个生产周期完结才能建成。故应科学地组织建筑施工，不断缩短施工周期，尽快提高投资效益。

5.工程质量要求高

在河流上修建挡水建筑物，关系着下游人民生命财产的安全。如果施工质量不高，不但会影响建筑物的寿命和效益，而且有可能造成建筑物失事，带来不可弥补的损失。所以除在规划设计中保证质量与安全外，在施工中也要加强全面质量管理，注重工程安全。

6.工程地点偏僻

丰富的水力资源，多蕴藏在荒山峡谷地区。由于交通不便，人烟稀少，给大规模工程施工组织带来困难。通常需建立一些临时性的施工工厂，还要修建大量生活福利设施。水利水电枢纽施工总工期较长，特别是施工准备期较长，均与此有关。

7.水利水电枢纽建设是复杂的系统工程

水利水电枢纽的兴建不仅关系到千百万人民生命财产的安全，而且涉及社会、经济、生态，甚至气候等复杂因素。就水利水电工程施工而言，一方面施工组织和管理所要面对的也是一个十分复杂的系统，所以必须采用系统分析方法，统筹兼顾，全局择优；另一方面，由于系统过于复杂，特别是制约因素多，许多因素又难以量化，各种数学模型所需的基本资料又积累得很少，所以，系统分析方法在水利水电工程施工中的全局性应用，还未到实用阶段。

由上述基本特点可以看出，水利水电工程施工组织与管理工作具有极大的复杂性，它受到国家建设方针、政策、体制，以及社会、经济、生态环境、科学技术水平等多方面因素的制约。

(二)水利水电工程建设项目的特征分析

1.建筑物的多样性

水利水电工程建筑产品一般是由设计和施工部门根据建设单位(业主)的委托，按特定的要求进行设计和施工。由于对水利水电工程建筑物的功能要求多种多样，因而对每一水利水电工程建筑物都有具体要求。即使功能要求和类型相同，但由于地形、地质等自然条件不同，以及交通运输、材料供应等社会条件不同，施工组织、施工方法也存在差异。

2.建筑物的体积庞大

水利水电工程建筑物体积庞大，占有广阔的空间，因而对环境的依赖和影响大，必须服从流域规划和环境规划的要求，并合理规划施工场地和进度安排。

3.项目的投资大

水利水电工程建设要耗用大量的材料、人力、机械及其他资源，不仅实物体积庞大，而且造价高，特大的水利水电工程项目其工程造价可达数十亿到数百亿元，甚至几千亿元。产品的高值性也使其工程造价关系到各方面的重大经济利益，同时也会对宏观经济产生重大影响。

4.临时工程多

水利水电工程的建设除建设必需的永久工程外，还需要建设一些临时工程。如围堰、导流、减压排水、临时道路等，这些临时工程大多都是一次性的，主要功能是为了永久建筑物的施工和设备的运输安装。所以临时工程的投资比较大，根据不同规模、不同性质，所占比重(总投资)一般在10%~20%。

第三节　水利建设工程项目管理内涵

一、工程项目管理的基础认知

工程项目管理的内涵是自项目开始至项目完成，通过项目策划和项目控制，以使项目的费用目标、进度目标和质量目标得以实现。

由于项目管理的核心任务是项目的目标控制。所以，按项目管理学的基本理论，没有明确目标的建设工程不是项目管理的对象。在工程实践意义上，如果一个建设项目没有明确的投资目标、进度目标和质量目标，就没有必要进行管理，也无法进行定量的目标控制。工程项目管理过程中，由于各参与单位的工作性质，工作任务和利益不尽相同，所以，不同利益方的项目管理目标也不尽相同。

一个建设工程项目往往由许多参与单位承担不同的建设任务和管理任务(如勘察、土建设计、工艺设计、工程施工、设备安装、工程监理、建设物资供应、业主方管理、政府主管部门的管理和监督等)，各参与单位的工作性质、工作任务和利益不尽相同，所以就形成了代表不同利益方的项目管理。由于业主方是建设工程项目实施过程(生产过程)的总集成者(即人力资源、物质资源和知识的集成)，业主方也是建设工程项目生产过程的总组织者，所以对于一个建设工程项目而言，业主方的项目管理往往是该项目的管理核心。

按建设工程项目不同参与方的工作性质和组织特征划分，项目管理有五种类型：

第一，业主方的项目管理(如投资方和开发方的项目管理，或由工程管理咨询公司提供的代表业主方利益的项目管理服务)。

第二,设计方的项目管理。

第三,施工方的项目管理(施工总承包方、施工总承包管理方和分包方的项目管理)。

第四,建设物资供货方的项目管理(材料和设备供应方的项目管理)。

第五,建设项目总承包(或称建设项目工程总承包)方的项目管理,如设计和施工任务综合的承包,或设计、采购和施工任务综合的承包(简称EPC承包)的项目管理等。

二、水利建设工程项目管理的目标与任务

(一)水利建设业主方的目标和任务

1.水利建设业主方的目标

水利建设业主方项目管理服务于业主的利益,其项目管理的目标包括项目的投资目标、进度目标和质量目标。其中,投资目标指的是项目的总投资目标;进度目标指的是项目动用的时间目标,也即项目交付使用的时间目标,如工厂建成可以投入生产、道路建成可以通车、办公楼可以启用、旅馆可以开业的时间目标等;项目的质量目标不仅涉及施工的质量,还包括设计质量、材料质量、设备质量和影响项目运行或运营的环境质量等;质量目标包括满足相应的技术规范和技术标准的规定,以及满足水利建设业主方相应的质量要求。

项目的投资目标、进度目标和质量目标之间既有矛盾的一面,也有统一的一面,它们之间的关系是对立统一的关系。要加快进度往往需要增加投资,想要提高质量往往也需要增加投资,过度地缩短进度会影响质量目标的实现,这都表现了目标之间关系矛盾的一面;但通过有效的管理,在不增加投资的前提下,也可缩短工期和提高工程质量,这反映了目标之间关系统一的一面。

2.水利建设业主方的任务

水利建设业主方的项目管理工作涉及项目实施阶段的全过程,即在设计前的准备阶段、设计阶段、施工阶段、动用前准备阶段和保修阶段。业主方项目管理的任务,见表1-1①。

①黄建文.水利水电工程项目管理[M].北京:中国水利水电出版社,2016.

表 1-1 业主方项目管理的任务

项目	设计前的准备阶段	设计阶段	施工阶段	动用前准备阶段	保修期
安全管理					
投资控制					
进度控制					
质量控制					
合同管理					
信息管理					
组织和协调					

表 1-1 有 7 行和 5 列,构成业主方 35 个分块项目管理任务,其中安全管理是项目管理中最重要的任务,因为安全管理关系到人身的健康与安全,而投资控制、进度控制、质量控制和合同管理等主要涉及物质的利益。

(二)水利建设设计方的目标和任务

1.水利建设设计方的目标

水利建设设计方作为项目建设的一个参与方,其项目管理主要服务于项目的整体利益和设计方本身的利益。由于项目的投资目标能否得以实现与设计工作密切相关,所以,设计方项目管理的目标包括设计的成本目标、设计的进度目标和设计的质量目标以及项目的投资目标。

2.水利建设设计方的任务

水利建设设计方的项目管理工作主要在设计阶段进行,但也涉及设计前的准备阶段、施工阶段、动用前准备阶段和保修期。

设计方项目管理的任务包括以下内容:第一,与设计工作有关的安全管理;第二,设计成本控制和与设计工作有关的工程造价控制;第三,设计进度控制;第四,设计质量控制;第五,设计合同管理;第六,设计信息管理;第七,与设计工作有关的组织和协调。

(三)水利建设施工方的目标和任务

1.水利建设施工方的目标

由于施工方是受业主方的委托承担工程建设任务,施工方必须树立服务观念,为项目建设服务,为业主提供建设服务。另外,合同也规定了施工方的任务和义务,所以施工方作为项目建设的一个重要参与方,其项目管理不仅应服务于施工方本身的利益,也必须服务于项日的整体利益。项日的整体利益和施工方本身的利益是对立统一关系,两者有其统一的一面,也有其矛盾的一面。

施工方项目管理的目标应符合合同的要求,它包括以下内容:第一,施工的安全管理目标;第二,施工的成本目标;第三,施工的进度目标;第四,施工的质量目标。

如果采用工程施工总承包或工程施工总承包管理模式,施工总承包方或施工总承包管理方必须按工程合同规定的工期目标和质量目标完成建设任务。而施工总承包方或施工总承包管理方的成本目标,是由施工企业根据其生产和经营的情况自行确定的。分包方则必须按工程分包合同规定的工期目标和质量目标完成建设任务,分包方的成本目标是该施工企业内部自行确定的。

按国际工程的惯例,当采用指定分包商时,不论指定分包商与施工总承包方,或与施工总承包管理方,还是与业主方签订合同,由于指定分包商合同在签约前必须得到施工总承包方或施工总承包管理方的认可,所以,施工总承包方或施工总承包管理方应对合同规定的工期目标和质量目标负责。

2.水利建设施工方的任务

水利建设施工方的基本任务如下:第一,施工安全管理;第二,施工成本控制;第三,施工进度控制;第四,施工质量控制;第五,施工合同管理;第六,施工信息管理;第七,与施工有关的组织与协调。

施工方的项目管理工作主要在施工阶段进行,但由于设计阶段和施工阶段在时间上往往是交叉的。所以,施工方的项目管理工作也会涉及设计阶段。在动用前准备阶段和保修期施工合同尚未终止,在这期间,还有可能出现涉及工程安全、费用、质量、合同和信息等方面的问题,所以,施工方的项目管理也涉及动用前准备阶段和保修期。

(四)水利建设供货方的目标和任务

1.水利建设供货方的目标

水利建设供货方作为项目建设的一个参与方,其项目管理主要服务于项目的整体利益和水利建设供货方本身的利益,其项目管理的目标包括供货方的成本目标、供货的进度目标和供货的质量目标。

2.水利建设供货方的任务

水利建设供货方的项目管理工作主要在施工阶段进行,但它也涉及设计准备阶段、设计阶段、动用前准备阶段和保修期。

水利建设供货方项目管理的主要任务包括以下内容:第一,供货安全管理;第二,供货方的成本控制;第三,供货的进度控制;第四,供货的质量控制;第五,供货合同管理;第六,供货信息管理;第七,与供货有关的组织与协调。

(五)水利建设项目工程总承包方的目标和任务

1.总承包方的目标

由于水利建设项目工程总承包方是受业主方的委托而承担工程建设任务,总承包方必须树立服务观念,为项目建设服务,为业主提供建设服务。另外,合同也规定了项目总承包方的任务和义务,所以,项目总承包方作为项目建设的一个重要参与方,其项目管理主要服务于项目的整体利益和项目总承包方本身的利益,其项目管理的目标应符合合同的要求,包括以下内容:第一,工程建设的安全管理目标;第二,项目的总投资目标和项目总承包方的成本目标(前者是业主方的总投资目标,后者是项目总承包方本身的成本目标);第三,项目总承包方的进度目标;第四,项目总承包方的质量目标。

项目总承包方项目管理工作涉及项目实施阶段的全过程,即设计前的准备阶段、设计阶段、施工阶段、动用前准备阶段和保修期。

2.项目总承包方的项目管理任务

水利建设项目工程总承包方的项目管理任务如下:第一,安全管理;第二,项目的总投资控制和项目总承包方的成本控制;第三,进度控制;第四,质量控制;第五,合同管理;第六,信息管理;第七,与项目总承包方有关的组织和协调等。

第四节 水利工程项目管理理论创新

一、项目动态管理理论的基础认知

(一)动态管理的定义

项目动态管理要求整个企业系统实现管理思想、管理人才、管理组织、管理方法、管理手段的现代化,从而满足整个系统的高效运转,实现项目动态管理所期望的综合效益。

动态管理包括动态的管理思想,动态的资源配置以及动态跟踪、动态调整等一系列管理控制方法。项目动态管理方法是采用灵活的机制,优化组合动态配置人、财、物、机,提高生产要素的配置效率进而降低项目成本。

(二)项目动态管理的运行模式解读

项目动态管理的运行模式是矩阵体制、动态管理、目标控制、节点考核。为了便于论述，下面以水利施工企业为例，对项目动态管理的运行模式进行较详细的说明。

1.项目动态管理的矩阵体制模式

矩阵体制是项目动态管理的组织模式，项目动态管理的矩阵体制主要由项目管理层的矩阵式组织、项目施工力量及信息传递反馈的矩阵式组织构成。

（1）在工程项目的管理上，根据项目的需要和特点，按矩阵结构建立项目经理部，设置综合性的具有弹性的科室，业务人员主要来自其他项目和公司职能部门，项目经理部实行项目经理负责制，实行专业负责人责任制和专职（系统）责任工程师技术负责制，在矩阵式的项目管理组织中既有职能系统的竖向联系，又有以项目为中心的横向联系。从纵向角度，公司专业部门负责人对所有项目的专业人员负有组织调配、业务指导和管理考察的责任；从横向角度，项目经理对参与本项目的各种专业人员均负有领导责任和年度考核奖惩责任，并按项目实施的要求把他们有效地组织协调到一起，为实现项目目标共同配合工作。

（2）在工程项目施工力量的组织上，按照一个项目由多个工程队承担，一个工程队同时作用于多个项目的原则，构成项目施工力量的矩阵式结构。项目经理部按项目任务的特点按工程切块，经过择优竞争，把切块任务发包给作业层若干工程队。承包项目任务的工程队根据在手任务的情况，抽调骨干力量，组建具有综合施工能力的作业分队，按项目网络计划和施工顺序确定陆续进点的时间，根据任务完成情况自行增减作业分队的力量，完成任务后自行撤离现场，进入其他项目。把刚性的企业人财物的配置在项目上变成弹性多变的施工组织，为项目的完成提供了灵活机动的施工力量，各进点的作业分队原来的隶属关系不变，原来的核算体制不变，进多少人，进什么工种，配备什么装备以及完成任务后的奖惩兑现等，完全由各施工单位根据承包的项目任务的要求，自行决定，自我约束，统筹安排，使人力物力等得到充分的利用。

（3）信息传递与反馈的矩阵。为了适应项目动态管理的需要，必须按施工组织和施工力量的矩阵体制形式建立双轨双向运行的信息系统，即公司对项目经理部和工程队的双道信息指令；项目经理部和工程队对公司的双向信息反馈。这样，可以有效地避免单向信息反馈可能造成的偏差，使矩阵结构下的动态管理得以高效运转。

2.项目动态管理的动态管理模式

项目施工力量的动态配置就是将企业固定的施工力量用活，不是把施工力量成建制地固定配置在某个项目上或固定地归属某一管理机构，而是组成独立的直属工程队，灵活机动地参与各项目的任务分包，利用各项目对生产要素需求的高低错落起伏，因地制宜地使用人、财、物、机等各种生产要素，并在各项目之间合理流动，优化组合，取得高效率。同时由于大中型施工企业利用经营管理上和技术进步上的优势，在市场激烈竞争中能够取得较多工程项目施工任务，全面应用动态管理思想和动态管理方法，合理地组织施工，就能获得较高的企业效益和社会效益。而充分利用各项目高峰的时间差，统筹安排，动态配置企业有限的人、财、物资源，使刚性的企业组织在动态中适应项目对资源的弹性需求，是一条主要途径。

管理人员的责任就是促成此项目的施工高峰为另一项目的低谷，避免各项目同时出现对某生产要素需求的高潮。这种动态管理思想和方法在经营决策层、项目管理层和施工作业层三个层次上都有体现，但职责不同①：

(1)经营决策层必须协调所有在建项目和预测未来项目的施工力量配备。

(2)项目管理层必须不断地优化内部组合，适应项目需要，同时要强化系统观念适应动态管理需要，不得扣留施工力量和各种管理力量。

(3)施工作业层必须明确在手项目对施工力量和时间需要的衔接安排，严格执行承包项目的二级网络计划，不断地优化劳动组合，以保证工程队力量与任务的动态平衡。

为了使动态管理能够达到预期的目的，要求遵循以下两个原则：

(1)统筹原则。统筹原则即施工任务的需要和施工力量的安排都要按照整体的要求，统筹优化动态配置。

(2)控制原则。控制原则即做到动而不乱，施工力量运筹动作和每个项目阶段力量的投入都要严格根据一、二、三级网络计划安排，在决策层的宏观指导下有序进行，达到平衡。如失去平衡，就要立即跟踪决策、动态调整力量的投入。

3.项目动态管理的目标控制模式

项目有着特定的目标系统，动态管理中，实行目标控制是项目经理部对项目总体目标从宏观到微观的控制方法，是保证项目管理实现既定目标的可靠措施，也是把握各项工作，在动态平衡中稳步向前推进的保证。

第一，目标控制是项目动态管理重要的控制方法，它可以统一决策层、管理层、作业层的思想和行为，可以调动广大职工参与管理，发挥他们的积极性、主动性和创造性，可以把各方面力量统一到以经济建设为中心，完成项目目标任务上来。

第二，实行全方位的目标控制，必须建立健全“四个系统”，即以项目为对象的经营责任系统；生产要素在项目上进行动态组合的生产指挥系统；以项目的目标管理为主线的全方位、多层次(包括计划、技术、设材、劳资、安全和质量等)的管理系统，党政工团四方一体化的工作保证系统，使项目动态管理逐步达到标准化、规范化。

第三，项目动态管理目标在纵向上，把总工期转化为总目标，根据总目标科学地划分

①张基尧.水利水电工程项目管理理论与实践[M].北京：中国电力出版社，2008.

为阶段目标，进而分解为战役目标，并通过网络计划技术分解为若干个节点目标。同时在横向上分为质量、工期、费用、安全四大目标体系，然后再按组织体制把所有目标值，按纵向到底、横向到边的原则，进行科学分解，使在现场的所有单位、部门乃至每个责任人每时每刻都有自己的奋斗目标，通过小目标的实现来保证大目标的实现。

4.项目动态管理的节点考核模式

节点考核就是把网络计划的主要控制节点的形象进度和时间要求抽出来，作为节点目标和控制进程，组织节点竞赛并严格考核，使之成为网络计划实现途径和控制办法。节点是项目生产要素的融汇点，项目各生产要素组合是否合理，是否优化，形成的生产力是大是小，在节点考核中都能体现出来，节点考核也是项目经理部与作业层联系的纽带，是项目施工中现场党政工团力量的合力点。项目经理部通过节点考核来控制、协调各作业队，稳步实现项目目标。同时，节点又是细化了的项目目标，是目标控制的具体手段，是控制的核心。

节点考核的透明度越大，激励作用就越强。节点考核可参考如下策略：

（1）以不断优化技术方案，采用新工艺、新机具为后盾，其主要考核内容包括进度、安全、质量、文明施工等。考核的面包括施工单位、辅助生产单位、机关服务和后勤保障单位。

（2）按网络计划的形象和时间要求实行节点考核，可以协调现场动作，提高施工单位执行网络计划的自觉性，并通过目标和利益导向，广泛调动各方面的积极性，推动技术组织措施的落实，增强自主管理和改进生产要素组合的自觉性，保证节点的按期到达和项目总目标的最终实现。

（3）以矩阵体制为组织模式，以动态管理为管理原则，以目标控制和节点考核为激励导向的控制手段，构成了项目动态管理的基本模式。

项目动态管理实行分层管理的体制和动态管理的原则，项目管理层与作业层之间相对独立，各负其责。所以必须形成一定的约束机制和动力机制以及具备一些必要的条件，来保证项目动态管理的运行。

（三）项目动态管理机制

为保持论述的一致性，仍以施工企业为例来讨论项目动态管理机制。

1.项目动态管理的动力机制

管理层与作业层在项目上有着自己独立的利益，也有共同的目标和利益，所以，横向协调的职能明显加强。逐步削弱单纯行政管理比重，代之以经济手段为主的管理成为项目动态管理运行的重要形式，主要通过三个层次的纵向和横向相结合的经济承包责任制来实现：

(1)公司建立完整的内部经济承包管理体系，以经营承包合同的形式明确公司与项目管理层之间的责权利关系。

(2)在项目管理层与作业层之间以及作业层与辅助生产单位之间紧紧围绕工程项目，以承发包的方式明确各方的权利义务关系，作业层既可在项目上取得效益，并按照对项目经理部的承包合同，拿到由项目管理层支配的工期奖、质量奖、节点奖等，又可以因多完成任务，按对公司的经营承包合同从公司拿到超产值工资含量和利润含量，得到双重的激励。反之要受到项目管理层与公司的双重经济处罚。所以，作业层各工程队一方面有了完成更多的符合要求的施工任务，按时完成工程的动力，同时也有了必须做好每个工程的约束。

(3)在承包后的管理上，坚持在承包体系内部实行按定额考核工效，采用全额计件、实物量计件、超量计件、加权值计量等多种形式进行分配，克服平均主义，不搞以包代管，这样，公司、项目管理层、作业层三个层次之间采用承包责任制以合同的方式联系起来，形成一个完成项目目标为主的有机整体，使以经济管理手段为主、行政手段为辅的经济调节关系成为项目动态管理运行机制的重要内容。

2.项目动态管理的民主管理机制

在项目动态管理中，由于一个工程队参与多个项目工程的施工，不可能同时配备多套管理班子，同时每个项目工程都实行目标控制，节点考核办法，激励引导职工实现自己的目标，所以这个方法的本身就要求职工参与管理和自主管理，在客观上为职工提供了民主管理的环境和条件。

同时各作业分队是一个利益共同体。每个职工都觉得做得好或者不好对自己有很大的影响，在主观上有关心管理、发表自己意见的愿望。与此同时，结合各级职代会民主管理的作用，就形成了一个从上到下民主管理的系统，使职工感到干好干不好的关键掌握在自己手里。这样使职工中蕴藏的力量充分发挥出来，实现“五自”，即自主管理，自我完善方案，自我调整措施，自我控制质量、进度，自我创造适应环境和完成任务的条件，民主管理机制的形成，丰富了项目动态管理的内涵。

3.项目动态管理的后方保障机制

推行项目动态管理后，施工队伍需要进行频繁的大跨度的调动，精兵强将上前线成为项目动态管理的必然要求。项目动态管理是一个全企业的高效的管理方式，所以，建立一个有效的后方保障机制，用于安置不适合在项目动态管理一线工作的职工，发挥他们的潜力和工作热情，为企业继续做贡献是十分必要的。

施工企业的基地应大力发展多种经营和第三产业，使家务劳动社会化，提高职工的物质生活水平,使简单的手工劳动家庭化,把职工中闲散的劳动力和劳动时间集中起来,提高生产能力和职工收入;把各项文娱活动和文化设施办起来,改善职工的精神生活,把各项福利办好,使少有所育,老有所养,病有所医。

二、项目管理模式权变理论

项目管理模式是项目生产力发展到一定阶段的产物,必须同社会化大生产方式、经济体制、项目发展的内在规律和外部环境相适应,及时转变项目管理模式,以适应项目建设的需要。下面仍以施工企业为例进行相应的讨论。

(一)施工企业项目传统管理模式以及存在的问题

根据对企业管理运行体制的定义,我国施工企业传统的管理运行体制基本上是一种三级(公司、工程处、工程队)管理或二级管理的模式①。

(1)纵向管理职能体系专注于企业内的施工生产活动,从管理层次上看,工程处、工程队都是直接进行施工生产作业的单位,公司管理层直接控制各种生产要素部门和专业职能部门,企业基本上没有独立的经营决策层。所以这是一种项目型运行管理体制,而不是生产经营型的企业运行管理体制。

(2)横向管理职能体系基本固定,其设置上较少考虑施工生产任务的变化要求和企业的经营活动。对一般的施工企业来说,其专业管理职能部门基本上是在企业经理的直接领导下,按照一般管理职能的分工关系平衡设置,而且各职能部门人员与工作任务长期固定,各职能部门间没有内在的联系。这种专业职能部门的设置方式,不利于各部门间的协调,不利于企业的专业管理部门为生产作业部门服务。

(3)纵向管理职能体系和横向管理体系各自为政,缺乏明确的责权利关系,难以形成有机的企业职能分工协作的体系。首先,横向管理职能部门以自我为中心,固定在企业管理层,不能有效地为施工生产经营活动服务。企业往往是以职能部门为基点和中心进行管理,而不是以施工项目为基点和中心进行管理。其次,企业的横向管理职能体系和纵向管理职能体系是并行的,纵向管理职能体系和横向管理职能体系缺乏明确的责权利关系和分工协作关系。

(4)企业纵向、横向管理职能体系都是完全固定的,其内部相应生产管理条件的配置也是固定的,企业管理就是以这些固定建制的单位为中心,而不是以施工项目为中心,企业内在生产要素的配置没有灵活性。首先,各管理职能单位的设置是不考虑施工任务的

---

①刘长军.水利工程项目管理[M].北京:中国环境出版社,2013.

变化而预先确定的；其次，各职能单位内部生产管理条件和生产要素基本上也是固定配置的，所以只能是让企业的施工任务适应这种固定建制体系的需要，而不是相反。企业考核的也只是与项目施工任务的有效完成关系不大的一些固定指标，这样不利于施工企业社会功能的实现。

(5)企业管理职能体系中各部门、各单位间是一种行政手段的联系，而不是一种经济责任制关系，同时各部门、各单位本身也没有明确统一的经济责权利。这样的一种体制，不但缺乏必要的经济约束机制，更重要的是缺乏工作的动力，不利于调动企业管理者的积极性、主动性和创造性。

(二)施工项目的内在规律与项目管理模式的关系分析

施工企业管理模式必须反映社会化大生产所共有的客观经济规律的要求，还必须反映施工项目所特有的内在规律的要求，不仅要弄清楚企业的生产性质、生产技术、生产类型等因素对现代企业的影响，还要满足施工项目对生产要素需求的特殊性对施工企业管理的要求。

1.项目管理模式应符合施工项目的特点

施工经济活动规律主要根源于施工项目一次性、多变性的特点。施工项目的一次性说明其相应项目管理组织应该具有临时性，而不能无视项目周期的变化。同时，项目的一次性也决定了它具有多变性的特点，不但施工企业在一定时期内承揽项目的种类、规模要经常发生变化，而且在各施工项目周期的不同阶段也有不同的管理要求。这一切都要求施工企业的管理运行体制本身具有一定的机动性，能适应施工任务灵活多变的要求，所以必须对固定建制式的体制进行改革。

2.施工企业应具有与施工项目多变性相适应的稳定性

现代施工活动具有两个最重要的特征：一是以施工企业为最基本的活动主体；二是以施工项目为最基本的活动客体。

一方面，对于施工企业而言，为适应连续生产经营活动的需要，一般需要相对稳定的企业管理制度。而对于施工项目，由于它具有单件性、流动性和多样化的特点，对施工生产要素的需要是随着施工项目的有无和施工项目周期的变化而呈现出阶段性和不稳定性。

另一方面，施工企业管理制度的相对稳定性和施工项目的多变性都是现代施工活动固有的特征，是不以人们的意志为转移的，所以，建立和改革施工企业管理制度的基本要求是，使施工企业的相对稳定性与施工项目的多变性相适应。

（三）项目管理模式与外部环境的关系

企业的生存和发展是以外部环境为条件的，企业的外部环境就是社会。某一阶段外部环境的发展趋势及其新的环境特点，对建立一种新的管理模式有着重要影响。在目前及今后的一个阶段，我国施工企业所面临的是一个确定中存在着不确定因素的外部环境。

1.外部环境的确定性因素是项目权变管理产生的依据

确定性因素是指改革开放将坚定不移地进行，改革的理论、目标、政策方向等不变，包括三个方面：

（1）在我国实行以公有制为主的多种经济形式、有计划的商品经济、对外开放的经济这种新的具体经济形态模型是确定不移的。

（2）实行以内涵发展为主导方式和合理配置生产力资源的相对平衡发展模型是确定不移的。

（3）实行宏观控制和微观搞活有机结合的管理模型也是确定不移的。

建立一个新的企业管理模式应当有它相应的应用周期，而不是随机使用的一种方式，所以，长期的社会环境的确定性因素应当成为新模式建立的主要依据。项目权变管理以企业内部的管理层与作业层分开为架构，逐步走向以国营大型施工企业为中心，以地方、集体建筑公司为协力企业，以农村或个体建筑队为补充的模式和施工企业以大型施工项目为骨干，以中型项目为补充，以小型项目为调节以达到企业能力与任务的动态平衡。

2.外部环境的不确定性因素是项目权变管理所要解决的问题

外部环境的不确定性，主要是指在政策规定和市场状况中的不确定因素，包括两个方面：

（1）由于经济改革的渐进性所造成的具体政策的不确定性。我国的经济改革是在一个经济水平较低、发展很不平衡的大国进行的，不可能一举成功，只能在比较长的时间内一步步地走向最终目标。许多改革的政策、步骤和具体措施还需要在实践中探索，需要根据实践的经验做出肯定，这就造成了许多具体政策上的不确定性。

（2）商品经济本身的特点所造成的市场环境的不确定性。商品市场是复杂、多变的，商品经济从本质上讲是经常变动的、不稳定的，同时商品经济的广泛发展也会产生某种盲目性，国家与地方、地方与地方之间基建项目重复上马，基建规模的或起或落等又加剧了这种影响。

外部环境的不确定性因素是企业本身所不能掌握和控制的，所以，它是企业管理所要解决的主要问题，这种环境既会对企业带来不利影响，又会不断地给企业提供机会，企业应当靠自己的能力以减少不利影响，利用机会，求得发展。项目权变管理在体制设置上引入弹性机制，提高企业应变能力等就是为了解决外部环境不确定性因素给企业带来的影响。

第二章　水利建设的工程技术管理

第一节　水利建设关键技术

水利水电工程是我国十分重要的基础设施和基础产业,水利水电工程的施工技术与工程的经济效益密切相关,是水利水电工程的根本,而且,随着社会发展、科技进步,社会对于水利水电工程的施工技术水平提出了更高的要求。我国的水利水电工程施工技术正随着科技的发展,逐步得到提高、完善。本节围绕爆破工程施工技术、砌筑工程施工技术、模板工程施工技术、钢筋工程施工技术展开研究。

一、爆破工程施工技术

我国是黑火药的诞生地,也是世界上爆破工程发展最早的国家。火药的发明,为人类社会的发展起到了巨大的推动作用。工程爆破是随着火药而产生的一门新技术。随着社会发展和科技进步,爆破技术发展迅速并渐趋成熟,其应用领域也在不断扩大。爆破已广泛应用于矿山开采、建筑拆迁、道路建设、水利水电、材料加工以及植树造林等众多工程与生产领域。

在进行水利水电工程施工时,通常都要进行大量的土石方开挖,爆破则是最常用的施工方法之一。爆破是利用工业炸药爆炸时释放的能量,使炸药周围的一定范围内的土石破碎、抛掷或松动。所以,在施工中常用爆破的方式来开挖基坑和地下建筑物所需要的空间,如山体内设置的水电站厂房、水工隧洞等。也可以运用一些特殊的工程爆破技术来完成某些特定的施工任务,如定向爆破筑坝、水下岩塞爆破和边界控制爆破等。

(一)爆破所需的材料

爆破是炸药爆炸作用于周围介质的结果。埋在介质内的炸药引爆后,在极短的时间内,由固态转变为气态,体积增加数百倍至几千倍,伴随产生极大的压力和冲击力,同时还产生很高的温度,使周围介质受到各种不同程度的破坏,称为爆破。炸药与起爆材料均属爆破材料。炸药是破坏介质的能源,而起爆材料则使炸药能够安全、有效地释放能量。

1.炸药

(1)炸药的基本性能。炸药的基本性能体现在威力、爆速、殉爆、感度四个方面,如表2-1所示。

表2-1 炸药的基本性能

炸药的基本性能体现	主题描述
威力	炸药的威力用炸药的爆力和猛度来表征:①爆力是指炸药在介质内爆炸做功的总能力。爆力的大小取决于炸药爆炸后产生的爆热、爆温及爆炸生成气体量的多少。爆热越大,爆温则越高,爆炸生成的气体量也就越多,形成的爆力也就越大。②猛度是指炸药爆炸时对介质破坏的猛烈程度,是衡量炸药对介质局部破坏的能力指标 爆力和猛度都是炸药爆炸后做功的表现形式,所不同的是,爆力是反映炸药在爆炸后做功的总量,对药包周围介质破坏的范围;而猛度则是反映炸药在爆炸时,生成的高压气体对药包周围介质粉碎破坏的程度以及局部破坏的能力。一般爆力大的炸药其猛度也大,但两者并不成线性比例关系。对一定量的炸药,爆力越高,炸除的体积越多;猛度越大,爆后的岩块越小
爆速	爆速是指爆炸时爆炸波沿炸药内部传播的速度。爆速测定法有导爆索法、电测法和高速摄影法
殉爆	炸药爆炸时引起与它不相接触的邻近炸药爆炸的现象叫殉爆。殉爆反应炸药对冲击波的感度。主发药包的爆炸引爆被发药包爆炸的最大距离称为殉爆距离
感度	感度又称敏感度,是炸药在外能作用下起爆的难易程度,它不仅是衡量炸药稳定性的重要标志,而且还是确定炸药的生产工艺条件、炸药的使用方法和选择起爆器材的重要依据,不同的炸药在同一外能作用下起爆的难易程度是不同的,起爆某炸药所需的外能小,则该炸药的感度高;起爆某炸药所需的外能高,则该炸药的感度低。炸药的感度对于炸药的制造加工、运输、贮存、使用的安全十分重要。感度过高的炸药容易发生爆炸事故,而感度过低的炸药又给起爆带来困难。工业上大量使用的炸药一般对热能、撞击和摩擦作用的感度都较低,通常要靠起爆能来起爆

(2)炸药的基本类型。炸药按组成可分为化合炸药和混合炸药;按爆炸特性分类有起爆药、猛炸药和火药;按使用部门分类有工业炸药和军用炸药。在工程爆破中,用来宜接爆破介质的炸药(猛炸药)几乎都是混合炸药,因为混合炸药可按工程的不同需要而配制。它们具有一定的威力,较敏感,一般需用8号雷管起爆。

(3)水利水电工程中常用炸药。我国水利水电工程中,常用的炸药为铵梯炸药、铵油炸药和乳化炸药,具体如表2-2所示。

表 2-2　水利水电工程中常用的炸药

水利水电工程中常用的炸药	主题描述
铵梯炸药	铵梯炸药是硝铵类炸药的一种，主要成分为硝酸铵和少量的 TNT(三硝基甲苯)及少量的木粉，硝酸铵是铵梯炸药的主要成分，其性能对炸药影响较大；TNT 是单质烈性炸药，具有较高的敏感度，加入少量的 TNT 成分，能使铵梯炸药具有一定程度的威力和敏感度，铵梯炸药的摩擦、撞击感度较低，故较安全。在工程爆破中，以 2 号岩石铵梯炸药为标准炸药，由硝酸铵 85%、TNT11%、木粉 4%并加少量植物油混合而成，其爆力为 320 mL，猛度为 12 mm，用工业雷管可以顺利起爆。在使用其他种类的炸药时，其爆破装药用量可用 2 号岩石铵梯炸药的爆力和猛度进行换算
铵油炸药	铵油炸药的主要成分是硝酸铵、柴油和木粉。由于不含 TNT 而敏感度稍差，但材料来源广，价格低，使用安全，易加工配制。铵油炸药的爆破效果较好，在中硬岩石的开挖爆破和大爆破中常被采用。其贮存期仅为 7～15 d，一般是在工地配药即用
乳化炸药	乳化炸药以氧化剂(主要是硝酸铵)水溶液与油类经乳化而成的油包水型乳胶体作爆炸性基质，再加以敏化剂、稳定剂等添加剂而成为一种乳脂状炸药。乳化炸药与铵梯炸药比较，其突出优点是抗水。两者成本接近，但乳化炸药猛度较高，临界直径较小，仅爆力略低

2.起爆器材

起爆材料包括雷管、导火索和传爆线等。

炸药的爆炸是利用起爆器材提供的爆轰能并辅以一定的工艺方法来起爆的，这种起爆能量的大小将直接影响到炸药爆轰的传递效果。当起爆能量不足时，炸药的爆轰过程属不稳定的传爆，且传爆速度低，在传爆过程中因得不到足够的爆轰能的补充，爆轰波将迅速衰减到爆轰终止，部分炸药拒爆。所以，用于雷管和传爆线中的起爆炸药敏感度高，极易被较小的外能引爆；引爆炸药的爆炸反应快，可在被引爆后的瞬间达到稳定的爆速，为炸药爆炸提供理想爆轰的外能。

(1)雷管。雷管是用来起爆炸药或传爆线(导爆索)的。雷管按接受外能起爆的方式不同，分为火雷管和电雷管两种，具体如表 2-3 所示。

表 2-3　雷管的种类

雷管的种类	主题描述
火雷管	火雷管即普通雷管，由管壳、正副起爆药和加强帽三部分组成。管壳材料有铜、铝、纸、塑料等。上端开口，中段设加强帽，中有小孔，副起爆药压于管底，正起爆药压在上部。在管沟开口一端插入导火索，引爆后，火焰使正起爆药爆炸，最后引起副起爆药爆炸。根据管内起爆药量的多少分 1~10 个号码，常用的为 6 号、8 号。火雷管具有结构简单，生产效率高，使用方便、灵活，价格便宜，不受各种杂电、静电及感应电的干扰等优点。但由于导火索在传递火焰时，难以避免速燃、缓燃等致命弱点，在使用过程中爆破事故多，所以使用范围和使用量受到极大限制。
电雷管	瞬发电雷管。通电后瞬即爆炸的电雷管，它实际上是由火雷管和 1 个发火元件组成。当接通电源后，电流通过桥丝发热，使引火药头发火，导致整个雷管爆轰
	秒延期电雷管。通电后能延迟 1s 的时间才起爆的电雷管，秒延期电雷管和瞬发电雷管的区别，仅在于引火头与正起爆炸药之间安置了缓燃物质。通常是用一小段精制的导火索作为延发物。
	毫秒延期电雷管。它的构造与秒延期电雷管的差异仅在于延期药不同。毫秒延期电雷管的延期药是用极易燃的硅铁和铅丹混合而成，再加入适量的硫化锑以调整药剂的燃烧程度，使延发时间准确，它的段数很多，工程常用的多为 20 段系列的毫秒延期电雷管

（2）导火线。导火线有四种类型，如表 2-4 所示。

表 2-4　导火线的类型

导火线的类型	主题描述
导火索	导火索是用来起爆火雷管和黑火药的起爆材料，用于一般爆破工程，不宜用于有瓦斯或矿尘爆炸危险的作业面，它是用黑火药做芯药，用麻、棉纱和纸做包皮，外面涂有沥青、油脂等防潮剂。导火索的燃烧速度有两种：正常燃烧速度为 100~200s/m，缓燃速度为 180~210s/m。喷火强度不低于 50mm。国产导火索每盘长 250m，耐水性一般不低于 2h，直径 5~6mm
导电线	导电线是起爆电雷管的配套材料
导爆索	导爆索又称传爆线，用强度大、爆速高的烈性黑索金作为药芯，以棉线、纸条为包缠物，并涂以防潮剂，表面涂以红色，索头涂以防潮剂，必须用雷管起爆。其品种有普通、抗水、高能和低能 4 种。普通导爆索有一定的抗水性能，可直接起爆常用的工业炸药。水利水电工程中多用此类导爆索
导爆管	导爆管是由透明塑料制成的一种非电起爆系统，并可用雷管，击发枪或导爆索起爆。管的外径为 3mm，内径为 1.5mm，管的内壁涂有一层薄薄的炸药，装药量为（20±2）mg/m，引爆后能以（1950±50）m/s 的稳定爆速传爆。传爆能力很强，即使将管打许多结并用力拉紧，爆轰波仍能正常传播；管内壁断药长度达 25cm 时，也能将爆轰波稳定地传下去 导爆管的传爆速度为 1600~2000m/s。根据试验资料，若排列与绑扎可靠，一个 8 号雷管可激发 50 根导爆管，但为了保证可靠传爆，一般用两个雷管引爆 30~40 根导爆管

(二)起爆的基本方法

炸药的基本起爆方法有四种:火花起爆、电力起爆、导爆管起爆和导爆索起爆。不同的起爆方法,要求不同的起爆材料。为了达到最优的技术经济效果和爆破安全,对于一次爆破的群药包,通常采用一次赋能激发的起爆方式。这就要求用起爆材料将各个药包联结成一个可以统一赋能起爆的网络,即起爆网络。

1.火花起爆法

火花起爆是用导火索和火雷管起爆炸药。它是一种最早使用的起爆方法。

将剪截好的导火索插入火雷管插索腔内,制成起爆雷管,再将其放入药卷内成为起爆药卷,而后将起爆药卷放入药包内。导火索一般可用点火线、点火棒或自制导火索段点火。导火索长度应保证点火人员安全,且不得短于1.2m。

2.电力起爆法

电力起爆法就是利用电能引爆电雷管进而起爆炸药的起爆方法,它所需的起爆器材有电雷管、导线和起爆源等。本法可以同时起爆多个药包,可间隔延期起爆,安全可靠。但是操作较复杂;准备工作量大;需较多电线和一定的检查仪表和电源设备。适用于大中型重要的爆破工程。

电力起爆网络主要由电源、电线、电雷管等组成。

(1)起爆电源。电力起爆的电源,可用普通照明电源或动力电源,最好是使用专线。当缺乏电源而爆破规模又较小和起爆的雷管数量不多时,也可用干电池或蓄电池组合使用。另外还可以使用电容式起爆电源,即发爆器起爆。国产的发爆器有10发、30发、50发和100发的几种型号,最大一次可起爆100个以内串联的电雷管,十分方便。但因其电流很小,故不能起爆并联雷管。常用的形式有DF-100型、FR81-25型、FR81-50型。

(2)导线。电爆网络中的导线一般采用绝缘良好的铜线和铝线。在大型电爆网络中的常用导线按其位置和作用划分为端线、连接线、区域线和主线。端线用来加长电雷管脚线,使之能引出孔口或洞室之外。端线通常采用断面0.2~0.4mm^{2}的铜芯塑料皮软线,连接线是用来连接相邻炮孔或药室的导线,通常采用断面为1~4mm^{2}的铜芯或铝芯线。主线是连接区域线与电源的导线,常用断面为16~150mm^{2}的铜芯或铝芯线。

(3)电爆网络的连接方式。当有多个药包联合起爆时,电爆网络的连接可以采用串联、并联、串并联、并串联等方式。

第一,串联法。串联法是将电雷管的脚线一个接一个地连在一起,并将两端的两根脚线接至主线,并通向电源。该法线路简单,计算和检查线路较易,导线消耗较小,需准爆电流小,可用放炮器、干电池、蓄电池做起爆电源。但整个起爆电路可靠性差,如一个雷管发生故障或敏感度有差别时,易发生拒爆现象。适用于爆破数量不多、炮孔分散、电源电流不大的小规模爆破。

第二,并联法。并联法是将所有电雷管的两根脚线分别接在两根主线上,或将所有雷管的其中一根脚线集合在一起,然后接在一根主线上,把另一根脚线也集合在一起,接在另一根主线上。其特点是:各个雷管的电流互不干扰,不易发生拒爆现象,当一个电雷管有故障时,不影响整个网络起爆,但导线电流消耗大、需较大截面主线;连接较复杂,检查不便;若分支电阻相差较大时,可能产生不同时爆炸或拒爆,故在工程爆破中很少采用单纯的并联网络。

第三,混合联法。工程实践中多采用混合连接网络,它可通过对并/串支组数的调整,获取既满足准爆条件又不超过电源容量的网络。混合联网络的基本形式有并串联和串并联。

3.导爆索起爆法

用导爆索爆炸产生的能量直接引爆药包的起爆方法。这种起爆方法所用的起爆器材有雷管、导爆索、继爆管等。

导爆索起爆法的优点是导爆速度快,可同时起爆多个药包,准爆性好;连接形式简单,无复杂的操作技术;在药包中不需要放雷管,故装药、堵塞时都比较安全。缺点是成本高,不能用仪表来检查爆破线路的好坏。适用于瞬时起爆多个药包的炮孔、深孔或洞室爆破。

导爆索起爆网络的连接方式有并簇联和分段并联两种。

第一,并簇联法。并簇联是将所有炮孔中引出的支导爆索的末端捆扎成一束或几束,然后再与一根主导爆索相连接。这种方法同爆性好,但导爆索的消耗量较大,一般用于炮孔数不多又较集中的爆破中。

第二,分段并联法。是在炮孔或药室外敷设一条主导爆索,将各炮孔或药室中引出的支导爆索分别依次与主导爆索相连。分段并联法网络,导爆索消耗量小,适应性强,在网络的适当位置装上继爆管,可以实现毫秒微差爆破。

(三)爆破以及爆破施工

1.爆破的常用方法

(1)裸露爆破法。裸露爆破法又称表面爆破法,系将药包直接放置于岩石的表面进行爆破。药包放在块石或孤石的中部凹槽或裂隙部位,体积大于 1m^{3}的块石,药包可分数处放置,或在块石上打浅孔或浅穴破碎。为提高爆破效果,表面药包底部可做成集中爆力穴,药包上护以草皮或是泥土沙子,其厚度应大于药包高度或以粉状炸药敷 30cm 厚。用电雷管或导爆索起爆。裸露爆破法不需钻孔设备,操作简单迅速,但炸药消耗量大(是炮孔法的 3~5 倍)，破碎岩石飞散较远。裸露爆破法适于地面上大块岩石、大孤石的二次破碎及树根、水下岩石与改建工程的爆破。

(2)浅孔爆破法。浅孔爆破法系在岩石上钻直径 25~50mm、深 0.5~5m 的圆柱形炮孔，装延长药包进行爆破。浅孔爆破法不需复杂钻孔设备；施工操作简单，容易掌握；炸药消耗量少，飞石距离较近，岩石破碎均匀，便于控制开挖曲的形状和尺寸，可在各种复杂条件下施工，在爆破作业中被广泛采用。采用浅孔爆破法，爆破量较小，效率低，钻孔工作量大。适于各种地形和施工现场比较狭窄的工作面上作业，如基坑、管沟、渠道、隧洞爆破或用于平整边坡、开采岩石、松动冻土以及改建工程拆除控制爆破①。

(3)深孔爆破法。深孔爆破法系将药包放在直径 75~270mm、深 5~30m 的圆柱形深孔中爆破。爆破前宜先将地面爆成倾角大于 55°的阶梯形，做垂直、水平或倾斜的炮孔。钻孔用轻、中型露天潜孔钻。

深孔爆破法单位岩石体积的钻孔量少，耗药量少，生产效率高，一次爆落石方量多，操作机械化，可减轻劳动强度。适用于料场、深基坑的松爆，场地整平以及高阶梯中型爆破各种岩石。

(4)药壶爆破法。药壶爆破法又称葫芦炮、坛子炮，系在炮孔底先放入少量的炸药，经过一次至数次爆破，扩大成近似圆球形的药壶，然后装入一定数量的炸药进行爆破，爆破前，地形宜先造成较多的临空面，最好是立崖和台阶。每次爆扩药壶后，须间隔 20~30min。扩大药壶用小木柄铁勺掏渣或用风管通入压缩空气吹出。当土质为黏土时，可以压缩，不须出渣。药壶法一般宜与炮孔法配合使用，以提高爆破效果。药壶爆破法一般宜用电力起爆，并应敷设两套爆破路线；如用火花起爆，当药壶深在 3~6m，应设两个火雷管同时点爆。药壶爆破法可减少钻孔工作量，可多装药，炮孔较深时，将延长药包变为集中药包，大大提高爆破效果。但扩大药壶时间较长，操作较复杂，破碎的岩石块度不够均匀，对坚硬岩石扩大药壶较困难，不能使用。适用于露天爆破阶梯高度 3~8m 的软岩石和中等坚硬岩层；坚硬或节理发育的岩层不宜采用。

(5)洞室爆破法。洞室爆破又称大爆破，其炸药装入专门开挖的洞室内，洞室与地表则以导洞相连，一个洞室爆破往往有数个、数十个药包，装药总量可高达数百、数千乃至逾万吨，在水利水电工程施工中，坝基开挖不宜采用洞室爆破。洞室爆破主要用于定向爆破筑坝，当条件合适时也可用于料场开挖和定向爆破堆石截流。

2.爆破施工程序

水利工程施工中一般多采用炮眼法爆破，其施工程序大体为：炮孔位置选择、钻孔、制

①王中华.水利工程施工爆破技术要点[J].建筑工程技术与设计，2018，(32)：169.

作起爆药包、装药与堵塞、起爆等。

(1)炮孔位置选择。选择炮孔位置时应注意以下几点:第一,炮孔方向尽量不要与最小抵抗线方向重合,以免产生冲天炮。第二,充分利用地形或利用其他方法增加爆破的临空面,提高爆破效果。第三,炮孔应尽量垂直于岩石的层面、节理与裂隙,且不要穿过较宽的裂缝以免漏气。

(2)钻孔。第一,人工打眼。人工打眼仅适用于钻设浅孔。人工打眼有单人打眼、双人打眼等方法。打眼的工具有钢杆、铁锤和掏勺等。第二,风钻打眼。风钻是风动冲击式凿岩机的简称,在水利工程中使用最多。风钻按其应用条件及架持方法,可分为手持式、柱架式和伸缩式等。风钻用空心钻钎送入压缩空气将孔屁凿碎的岩粉吹出,叫作干钻;用压力水将岩粉冲出叫作湿钻。国家规定地下作业必须使用湿钻以减少粉尘,保护工人身体健康。第三,潜孔钻打眼。潜孔钻是一种问转冲击式钻孔设备,其工作机构(冲击器)直接潜入炮孔内进行凿岩,故名潜孔钻。潜孔钻是先进的钻孔设备,它的工效高,构造简单,在大型水利工程中被广泛采用。

(3)制作起爆药包。第一,火线雷管的制作。将导火索和火雷管联结在一起,叫火线雷管。制作火线雷管应在专用房间内,禁止在炸药库、住宅、爆破工点进行。制作的步骤为:①检查雷管和导火索。②按照需要长度,用锋利小刀切齐导火索,最短导火索不应短于60cm。③把导火索插入雷管,直到接触火帽为止。不要猛插和转动。④用铰钳夹夹紧雷管口(距管口5mm以内)。固矩时,应使该钳夹的侧面与雷管口相平。如无铰钳夹,可用胶布包裹,严禁用嘴咬。⑤在接合部包上胶布防潮。当火线雷管不马上使用时,导火索点火的一端也要包上胶布。第二,电雷管检查。对于电雷管应先作外观检查,把有擦痕、生锈、铜绿、裂隙或其他损坏的雷管剔除,再用爆破电桥或小型欧姆计进行电阻及稳定性检查。为了保证安全,测定电雷管的仪表输出电流不得超过50mA。如发现有不导电的情况,应作为不良的电雷管处理。然后把电阻相同或电阻差不超过0.25Ω的电雷管放置在一起,以备装药时串联在一条起爆网络上。第三,制作起爆药包。起爆药包只许在爆破工点于装药前制作该次所需的数量。不得先做成成品备用。制作好的起爆药包要小心妥善保管,不得震动,亦不得抽出雷管。

(4)装药、堵塞与起爆。第一,装药。在装药前首先了解炮孔的深度、间距、排距等,由此决定装药量。根据孔中是否有水决定药包的种类或炸药的种类,同时还要清除炮孔内的岩粉和水分。在干孔内可装散药或药卷。在装药前,先用硬纸或铁皮在炮孔底部架空,形成聚能药包。炸药要分层用木棍压实,雷管的聚能穴指向孔底,雷管装在炸药全长的中部偏上处。在有水炮孔中装吸湿炸药时,注意不要将防水包装捣破,以免炸药受潮而拒爆。当孔深较大时,药包要用绳子吊下,不允许直接向孔内抛投,以免发生爆炸危险。第二,堵塞。装药后即进行堵塞,对堵塞材料的要求是:与炮孔壁摩擦作用大,材料本身能结成一个整体,充填时易于密实。可用 1∶2 的黏土粗砂堵塞,堵塞物要分层用木棍压实。在堵塞过程中,要注意不要折断导火线或破坏导火线的绝缘层。第三,上述工序完成后即可进行起爆。

二、砌筑工程施工技术

(一)砌石工程技术

1.干砌石

干砌石是指不用任何胶凝材料把石块砌筑起来,包括干砌块(片)石、干砌卵石。一般用于土坝(堤)迎水面护坡、渠系建筑物进出口护坡及渠道衬砌、水闸上下游护坦、河道护岸等工程①。

(1)砌筑前的准备工作。砌筑前的准备工作包括备料、基础清理、铺设反滤层。

第一,备料。在砌石施工中为缩短场内运距,避免停工待料,砌筑前应尽量按照工程部位及需要数量分片备料,并提前将石块的水锈、淤泥洗刷干净。

第二,基础清理。砌石前应将基础开挖至设计高程,淤泥、腐殖土以及混杂的建筑残渣应清除干净,必要时将坡面或底面夯实,然后才能进行铺砌。

第三,铺设反滤层。在干砌石砌筑前应铺设砂砾反滤层,其作用是将块石垫平,不致使砌体表面凹凸不平,减少其对水流的摩阻力;减少水流或降水对砌体基础土壤的冲刷;防止地下渗水逸出时带走基础土粒,避免砌筑面下陷变形。反滤层的各层厚度、铺设位置,材料级配和粒径以及含泥量均应满足规范要求,铺设时应与砌石施工配合,自下而上,随铺随砌,接头处各层之间的连接要层次清楚,防止层间错动或混淆。

(2)常用干砌石施工方法。常采用的干砌块石的施工方法有两种,即花缝砌筑法和平缝砌筑法。

第一,花缝砌筑法。花缝砌筑法多用于干砌片(毛)石。砌筑时,依石块原有形状,使尖对拐、拐对尖,相互联系砌成。砌石不分层,一般多将大面向上。这种砌法的缺点是底部空虚,容易被水流淘刷变形,稳定性较差,且不能避免重缝、迭缝、翘口等毛病。但此法优点是表面比较平整,故可用于流速不大、不承受风浪淘刷的渠道护坡工程。

第二,平缝砌筑法。平缝砌筑法一般多适用于干砌块石的施工。砌筑时将石块宽面与坡面竖向垂直,与横向平行。砌筑前,安放一块石块必须先进行试放,不合适处应用小

---

①钟汉华,冷涛.水利水电工程施工技术[M].北京:中国水利水电出版社,2010.

锤修整，使石缝紧密，最好不塞或少塞石子。这种砌法横向设有通缝，但竖向直缝必须错开。如砌缝底部或块石拐角处有空隙时，则应选用适当的片石塞满填紧，以防止底部砂砾垫层由缝隙淘出，造成坍塌。

干砌块石是依靠块石之间的摩擦力来维持其整体稳定的。若砌体发生局部移动或变形，将会导致整体破坏。边口部位是最易损坏的地方，所以，封边工作十分重要。对护坡水下部分的封边，常采用大块石单层或双层干砌封边，然后将边外部分用黏土回填夯实，有时也可采用浆砌石摸进行封边。对护坡水上部分的顶部封边，则常采用比较大的方正块石砌成40cm左右宽度的平台，平台后所留的空隙用黏土间填分夯实。对于挡土墙、闸翼墙等重力式墙身顶部，一般用混凝土封闭。

2.浆砌石

浆砌石是用胶结材料把单个的石块联结在一起，使石块依靠胶结材料的黏结力、摩擦力和块石本身重量结合成为新的整体，以保持建筑物的稳固，同时，充填着石块间的空隙，堵塞了一切可能产生的漏水通道。浆砌石具有良好的整体性、密实性和较高的强度，使用寿命更长，还具有较好的防止渗水和抵抗水流冲刷的能力。

浆砌石施工的砌筑要领可概括为“平、稳、满、错”4个字：平，同一层面大致砌平，相邻石块的高差宜小于2~3cm；稳，单块石料的安砌务求自身稳定；满，灰缝饱满密实，严禁石块间直接接触；错，相邻石块应错缝砌筑，尤其不允许顺水流方向通缝。

(1)砌筑工艺。砌筑工艺包括铺筑面准备、选料、铺(坐)浆、安放石料、竖缝灌浆、振捣。

第一，铺筑面准备。对开挖成形的岩基面，在砌石开始之前应将表面已松散的岩块剔除，具有光滑表面的岩石须人工凿毛，并清除所有岩屑、碎片、泥沙等杂物。土壤地基按设计要求处理。对水平施工缝，一般要求在新一层块石砌筑前凿去已凝固的浮浆，并进行清扫、冲洗，使新旧砌体紧密结合。对于临时施工缝，在恢复砌筑时，必须进行凿毛、冲洗处理。

第二，选料。砌筑所用石料，应是质地均匀，没有裂缝，没有明显风化迹象，不含杂质的坚硬石料。严寒地区使用的石料，还要求具有一定的抗冻性。

第三，铺(坐)浆。对于块石砌体，由于砌筑面参差不齐，必须逐块坐浆、逐块安砌，在操作时还须认真调整，务使坐浆密实，以免形成空洞。坐浆一般只宜比砌石超前0.5~1m左右，坐浆应与砌筑相配合。

第四，安放石料。把洗净的湿润石料安放在坐浆面上，用铁锤轻击石面，使坐浆开始溢出为度。石料之间的砌缝宽度应严格控制，采用水泥砂浆砌筑时，块石的灰缝厚度一般为2~4cm，料石的灰缝厚度为0.5~2cm，采用小石混凝土砌筑时，一般为所用骨料最大粒径的 2~2.5 倍。安放石料时应注意,不能产生细石架空现象。

第五,竖缝灌浆。安放石料后,应及时进行竖缝灌浆。一般灌浆与石面齐平,水泥砂浆用捣插棒捣实,小石混凝土用插入式振捣器振捣,振实后缝面下沉,待上层摊铺坐浆时一并填满。

第六,振捣。水泥砂浆常用捣棒人工插捣,小石混凝土一般采用插入式振动器振捣。应注意对角缝的振捣,防止重振或漏振。每一层铺砌完 24~36h 后(视气温及水泥种类、胶结材料强度等级而定),即可冲洗,准备上一层的铺砌。

(2)浆砌石施工。浆砌石施工包括基础砌筑、挡土墙、桥涵拱圈。

第一,基础砌筑。基础施工应在地基验收合格后方可进行。基础砌筑前,应先检查基槽(或基坑)的尺寸和标高,清除杂物,接着放出基础轴线及边线。

砌第一层石块时,基底应坐浆。对于岩石基础,坐浆前还应洒水湿润。第一层使用的石块尽量挑大一些的,这样受力较好,并便于错缝。石块第一层都必须大面向下放稳,以脚踩不动即可。不要用小石块来支垫,要使石面平放在基底上,使地基受力均匀基础稳固。选择比较方正的石块,砌在各转角上,称为角石,角石两边应与准线相合。角石砌好后,再砌里、外面的石块,称为面石;最后砌填中间部分,称为腹石。砌填腹石时应根据石块自然形状交错放置,尽量使石块间缝隙最小,再将砂浆填入缝隙中,最后根据各缝隙形状和大小选择合适的小石块放入用小锤轻击,使石块全部挤入缝隙中。禁止采用先放小石块后灌浆的方法。

接砌第二层以上石块时,每砌一块石块,应先铺好砂浆,砂浆不必铺满、铺到边,尤其在角石及面石处,砂浆应离外边约 4.5cm,并铺得稍厚一些,当石块往上砌时,恰好压到要求厚度,并刚好铺满整个灰缝。灰缝厚度宜为 20~30mm,砂浆应饱满。阶梯形基础上的石块应至少压砌下级阶梯的 1/2,相邻阶梯的块石应相互错缝搭接。基础的最上一层石块,宜选用较大的块石砌筑。基础的第一层及转角处和交接处,应选用较大的块石砌筑。块石基础的转角及交接处应同时砌起。如不能同时砌筑又必须留槎时,应砌成斜槎。

块石基础每天可砌高度不应超过 4.2m。在砌基础时还必须注意不能在新砌好的砌体上抛掷块石,这会使已粘在一起的砂浆与块石受震动而分开,影响砌体强度。

第二,挡土墙。砌筑块石挡土墙时,块石的中部厚度不宜小于 20cm;每砌 3~4 皮为一分层高度,每个分层高度应找平一次;外露面的灰缝厚度,不得大于 4cm,两个分层高度间的错缝不得小于 8cm。

料石挡土墙宜采用同皮内丁顺相间的砌筑形式。当中间部分用块石填筑时,干砌料石伸入块石部分的长度应小于 20cm。

第三,桥、涵拱圈。浆砌拱圈一般选用于小跨度的单孔桥拱、涵拱施工,施工步骤及方法如表 2-5 所示：

表 2-5　桥、涵拱圈的施工步骤及方法

施工步骤	具体方法
拱圈石料的选择	拱圈的石料一般为经过加工的料石，石块厚度不应小于 15cm。石块的宽度为其厚度的 1.5~2.5 倍，长度为厚度的 2~4 倍，拱圈所用的石料应凿成楔形（上宽下窄），如不用楔形石块时，则应用砌缝宽度的变化来调整拱度，但砌缝厚薄相差最大不应超过 1cm，每一石块面应与拱压力线垂直。所以拱圈砌体的方向应对准拱的中心
拱圈的砌缝	浆砌拱圈的砌缝应力求均匀，相邻两行拱石的平缝应相互错开，其相错的距离不得小于 10cm。砌缝的厚度决定于所选用的石料，选用细料石，其砌缝厚度不应大于 1cm；选用粗料石，砌缝不应大于 2cm
拱圈的砌筑	拱圈砌筑之前，必须先做好拱座。为了使拱座与拱圈结合好，须用起拱石。起拱石与拱圈相接的面，应与拱的压力线垂直。当跨度在 10m 以下时，拱圈的砌筑一般应沿拱的全长和全厚，同时由两边起拱石对称地向拱顶砌筑；当跨度大于 10m 以上时，则拱圈砌筑应采用分段法进行。分段法是把拱圈分为数段，每段长可根据拱长来决定，一般每段长 3~6m。各段依一定砌筑顺序进行，以达到使拱架承重均匀和拱架变形最小的目的。拱圈各段的砌筑顺序是：先砌拱脚，再砌拱顶，然后砌 1/4 处，最后砌其余各段。砌筑时一定要对称于拱圈跨中央。各段之间应预留一定的空缝，防止在砌筑中拱架变形面产生裂缝，待全部拱圈砌筑完毕后，再将预留空缝填实

（二）砌砖工程技术

1.施工准备工作

（1）砖的准备。在常温下施工时，砌砖前一天应将砖浇水湿润，以免砌筑时因干砖吸收砂浆中大量的水分，使砂浆的流动性降低，砌筑困难，并影响砂浆的黏结力和强度。但也要注意不能将砖浇得过湿而使砖不能吸收砂浆中的多余水分，影响砂浆的密实性、强度和黏结力，而且还会产生喷灰和砖块滑动现象，使墙面不洁净，灰缝不平整，墙面不平直。施工中可将砖砍断，检查吸水深度，如吸水深度达到 10~20mm，即认为合格。砖不应在脚手架上浇水，若砌筑时砖块干燥，可用喷壶适当补充浇水。

（2）砂浆的准备。砂浆的品种、强度等级必须符合设计要求，砂浆的稠度应符合规定。拌制中应保证砂浆的配合比和稠度，运输中不漏浆、不离析，以保证施工质量。

（3）施工工具准备。砌筑工工具主要有以下几种：

第一，大铲，铲灰、铺灰与刮灰用。大铲分为桃形、长方形、长三角形 3 种。

第二，瓦刀（泥刀），用于打砖、打灰条（即披灰缝）、披满口灰及铺瓦。

第三，刨锛。打砖用。

第四，靠尺板（托线板）和线锤。检查墙面垂直度用。常用托线板的长度为 1.2～1.5m。

第五，皮数杆。砌筑时用于标志砖层、门窗、过梁、开洞及埋件标志的工具。

此外还应准备麻线、米尺、水平尺和小喷壶。

2.砌筑施工

（1）砖基础施工。砖基础一般做成阶梯形的大放脚。砖基础的大放脚通常采用等高式或间隔式两种。等高式是每两皮一收，每次收进 1/4 砖长，即高为 1.20mm，宽为 60mm。间隔式是二皮一收与一皮一收相间隔，每次收进 1/4 砖长，即高为 120mm 与 60mm，宽为 60mm。砖基础砌筑要点如下：

第一，砖基础砌筑前，应先检查垫层施工是否符合质量要求，然后清扫垫层表面，将浮土及垃圾清除干净。

第二，从两端龙门板轴线处拉上麻线，从麻线上挂下线锤，在垫层上锤尖处打上小钉，引出墙身轴线，而后向两边放出大放脚的底边线。

第三，在垫层转角、内外墙交接及高低踏步处预先立好基础皮数杆。基础皮数杆上应标明皮数、退台情况及防潮层位置等。

第四，砌基础时可依皮数杆先砲几层转角及交接处部分的砖，然后在其间拉准线砌中间部分。内外墙砖基础应同时砌起，如因其他情况不能同时砌起时，应留置斜槎，斜槎的长度不得小于高度的 2/3。

第五，大放脚一般采用一顺一丁砌法。竖缝要错开，要注意十字及丁字接头处砖块的搭接，在这些交接处，纵横墙要隔皮砌通。大放脚的最下一皮及每层的上面一皮应以丁砌为主。

第六，若砖基础不在同一深度，则应先由下往上砌筑。在砖基础高低台阶接头处，下面台阶要砌一定长度（一般不小于 50cm）实砲体，砌到上面后和上面的砖一起退台。

第七，大放脚砌到最后一层时，应从龙门板上拉麻线将墙身轴线引下，以保证最后一层位置正确。

第八，砖基础中的洞口、管道、沟槽和预埋件等，应于砌筑时正确留出或预埋，宽度超过 50cm 的洞口，其上方应砌筑平拱或设过梁。

第九，砌完砖基础后，应立即回填土，回填土要在基础两侧同时进行，并分层夯实。

（2）砖墙砌筑。砖砌体的组砌，要求上下错缝，内外搭接，以保证砌体的整体性，同时组砌要有规律，少砍砖，以提高砌筑效率，节约材料，在砌筑时根据需要打砍的砖，按其尺寸不同可分为“七分头半砖”“二寸头”“二寸条”等。砌入墙内的砖，由于放置位置不同，又分为卧砖(也称顺砖或眠砖)、陡砖(也称侧砖)、立砖以及顶砖。水平方向的灰缝叫卧缝,垂直方向的灰缝叫立缝(头缝)。

(3)砖过梁砌筑。砖过梁砌筑包括钢筋砖过梁、平拱砖过梁。

第一,钢筋砖过梁。钢筋砖过梁又称平砌式砖过梁。它适用于跨度不大于2m的门窗洞口。窗间墙砌至洞口顶标高时,支搭过梁胎模。支模时,应让模板中间起拱0.5%~1.0%,将支好的模板润湿,并抹上厚20mm的M10砂浆,同时把加工好的钢筋埋入砂浆中,钢筋90°弯钩向上,并将砖块卡砌在90°弯钩内。钢筋伸入墙内240mm以上,从而将钢筋锚固于窗间墙内,最后与墙体同时砌筑。

第二,平拱砖过梁。平拱砖过梁又称为平拱、平碹。它是用整砖侧砌而成,拱的厚度与墙厚一致,拱高为一砖或一砖半。外规看来呈梯形,上大下小,拱脚部分伸入墙内2~3cm,多用于跨度为1.2m以下,最大跨度不超过1.8m的门窗洞口。平拱砖过梁的砌筑方法是:当砌砖砌至门窗洞口时,即开始砌拱脚。拱脚用砖事先砍好,砌第一皮拱脚时后退2~3cm,以后各皮按砍好砖的斜面向上砌筑,砖拱厚为一砖时倾斜4~5cm,一砖半为6~7cm,斜度为1/6~1/4。拱脚砌好后,即可支碹胎板,上铺湿砂,中部厚约2cm,两端约0.5cm,使平拱中部有1%的起拱。砌砖前要先行试摆,以确定砖数和灰缝大小。砖数必须是单数,灰缝底宽0.5mm,顶宽1.5cm,以保证平拱砖过梁上大下小呈梯形,受力好。砌筑应自两边拱脚处同时向中间砌筑,正中一块砖可起楔子作用。砌好后应进行灰缝灌浆以使灰浆饱满。待砂浆强度达到设计强度等级的50%以上时,方可拆除下部碹胎板。

3.砖墙面勾缝

砖墙面勾缝前,应做下列准备工作:

第一,清除墙面上黏结的砂浆、泥浆和杂物等,并洒水润湿。

第二,开凿瞎缝,并对缺棱掉角的部位用与墙面相同颜色的砂浆修补平整。

第三,将脚手眼内清理干净并洒水润湿,用与原墙相同的砖补砌严密。

砖墙面勾缝一般采用1∶1.5水泥砂浆(水泥∶细砂),也可用砌筑砂浆,随砌随勾。勾缝形式有平缝、斜缝、凹缝等。凹缝深度一般为4~5mm;空斗墙勾缝应采用平缝。墙面勾缝应横平竖直、深浅一致、搭接平整并压实抹光,不得有丢缝、开裂和黏结不牢等现象。勾缝完毕后,应清扫墙面。

三、模板工程施工技术

混凝土在没有凝固硬化以前,是处于一种半流体状态的物质。能够把混凝土做成符合设计图纸要求的各种规定的形状和尺寸模子,称为模板。模板与其支撑体系组成模板系统。模板系统是一个临时架设的结构体系,其中模板是新浇混凝土成型的模具,它与混凝土直接接触使混凝土构件具有所要求的形状、尺寸和表面质量。支撑体系是指支撑模板,承受模板、构件及施工中各种荷载的作用,并使模板保持所要求的空间位置的临时结构。

对模板的基本要求有共五点:①应保证混凝土结构和构件浇筑后的各部分形状和尺寸以及相互位置的准确性;②具有足够的稳定性、刚度及强度;③装拆方便,能够多次周转使用、形式要尽量做到标准化、系列化;④接缝应不易漏浆、表面要光洁平整;⑤所用材料受潮后不易变形①。

(一)模板的分类

1.按模板形状分类

按模板形状分有平面模板和曲面模板。平面模板又称为侧面模板,主要用于结构物垂直面,曲面模板用于廊道、隧洞、溢流面和某些形状特殊的部位,如进水口扭曲面、蜗壳、尾水管等。

2.按模板材料分类

按模板材料分有木模板、竹模板、钢模板、混凝土预制模板、塑料模板、橡胶模板等。

3.按模板受力条件分类

按模板受力条件分有承重模板和侧面模板。承重模板主要承受混凝土重量和施工中的垂直荷载。侧面模板主要承受新浇混凝土的侧压力。侧面模板按其支承受力方式,又分为简支模板、悬臂模板和半悬臂模板。

4.按模板使用特点分类

按模板使用特点分有固定式、拆移式、移动式和滑动式。固定式用于形状特殊的部位,不能重复使用。后三种模板都能重复使用,或连续使用在形状一致的部位,但其使用方式有所不同:拆移式模板需要拆散移动。移动式模板的车架装有行走轮,可沿专用轨道使模板整体移动(如隧洞施工中的钢模台车);滑动式模板是以千斤顶或卷扬机为动力,可在混凝土连续浇筑的过程中,使模板面紧贴混凝土面滑动(如闸墩施工中的滑模)。

(二)模板施工程序

1.模板安装

安装模板之前,应事先熟悉设计图纸,掌握建筑物结构的形状尺寸,并根据现场条件,初步考虑好立模及支撑的程序,以及与钢筋绑扎、混凝土浇捣等工序的配合,尽量避免工

①李栋梁.水利施工中模板工程的施工技术探讨[J].智能城市,2019,5(15):173-174.

种之间的相互干扰。

模板的安装包括放样、立模、支撑加固、吊正找平、尺寸校核、堵设缝隙及清仓去污等工序。在安装过程中，应注意下述事项：

第一，模板竖立后，须切实校正位置和尺寸，垂直方向用垂球校对，水平长度用钢尺丈量两次以上，务使模板的尺寸符合设计标准。

第二，模板各结合点与支撑必须坚固紧密，牢固可靠，尤其是采用振捣器捣固的结构部位，更应注意，以免在浇捣过程中发生裂缝、鼓肚等不良情况。但为了增加模板的周转次数，减少模板拆模损耗，模板结构的安装应力求简便，尽量少用圆钉，多用螺栓、木楔、拉条等进行加固联结。

第三，凡属承重的梁板结构，跨度大于4m以上时，由于地基的沉陷和支撑结构的压缩变形，跨中应预留起拱高度，每米增高3mm，两边逐渐减少，至两端同原设计高程等高。

第四，为避免拆模时建筑物受到冲击或震动，安装模板时，撑柱下端应设置硬木楔形垫块，所用支撑不得直接支承于地面，应安装在坚实的桩基或垫板上，使撑木有足够的支承面积，以免沉陷变形。

第五，模板安装完毕，最好立即浇筑混凝土，以防日晒雨淋导致模板变形。为保证混凝土表面光滑和便于拆卸，宜在模板表面涂抹肥皂水或润滑油。夏季或在气候干燥情况下，为防止模板干缩裂缝漏浆，在浇筑混凝土之前，需洒水养护。如发现模板因干燥产生裂缝，应事先用木条或油灰填塞衬补。

第六，安装边墙、柱、闸墩等模板时，在浇筑混凝土以前，应将模板内的木屑、刨片、泥块等杂物清除干净，并仔细检查各联结点及接头处的螺栓、拉条、楔木等有无松动滑脱现象。在浇筑混凝土过程中，木工、钢筋、混凝土、架子等工种均应有专人“看仓”，以便发现问题随时加固修理。

第七，模板安装的偏差，应符合设计要求的规定，特别是对于通过高速水流，有金属结构及机电安装等部位，更不应超出规范的允许值。

2.模板隔离剂

模板安装前或安装后，为防止模板与混凝土粘在一起，便于拆模，应及时在模板的表面涂刷隔离剂。

3.模板拆除

模板的拆除顺序一般是先非承重模板，后承重模板；先侧板，后底板。

(1)拆模期限。针对不同状况，拆模的期限也有所不同。

第一，不承重的侧模板在混凝土强度能保证混凝土表面和棱角不因拆模而受损害时方可拆模。一般此时混凝土的强度应达到2.5MPa以上。

第二,承重模板应在混凝土达到下列强度以后方能拆除(按设计强度的百分率计):①当梁、板、拱的跨度小于2m时,要求达到设计强度的50%;②跨度为2~5m时,要求达到设计强度的70%;③跨度为5m以上时,要求达到设计强度的100%;④悬臂板、梁跨度小于2m为70%;跨度大于2m为100%。

(2)拆模的注意事项。模板拆除工作应注意以下事项①:

第一,模板拆除工作应遵守一定的方法与步骤。拆模时要按照模板各结合点构造情况,逐块松卸。首先去掉扒钉、螺栓等连接铁件,然后用撬杠将模板松动或用木楔插入模板与混凝土接触面的缝隙中,以锤击木楔,使模板与混凝土面逐渐分离。拆模时,禁止用重锤直接敲击模板,以免使建筑物受到强烈震动或将模板毁坏。

第二,拆卸拱形模板时,应先将支柱下的木楔缓慢放松,使拱架徐徐下降,避免新拱因模板突然大幅度下沉而担负全部自重,并应从跨中点向两端同时对称拆卸。拆卸跨度较大的拱模时,则须从拱顶中部分段分期向两端对称拆卸。

第三,高空拆卸模板时,不得将模板自高处摔下,而应用绳索吊卸,以防砸坏模板或发生事故。

第四,当模板拆卸完毕后,应将附着在板面上的混凝土砂浆洗凿干净,损坏部分须加修整,板上的圆钉应及时拔除(部分可以回收使用),以免刺脚伤人。卸下的螺栓应与螺帽、垫圈等拧在一起,并加黄油防锈。扒钉、铁丝等物均应收捡归仓,不得丢失。所有模板应按规格分放,妥加保管,以备下次立模周转使用。

第五,对于大体积混凝土,为了防止拆模后混凝土表面温度骤然下降而产生表面裂缝,应考虑外界温度的变化而确定拆模时间,并应避免早、晚或夜间拆模。

四、钢筋工程施工技术

(一)钢筋内场加工技术

1.钢筋的除锈方法

钢筋由于保管不善或存放时间过久,就会受潮生锈。在生锈初期,钢筋表面呈黄褐色,称水锈或色锈,这种水锈除在焊点附近必须清除外,一般可不处理;但是当钢筋锈蚀进一步发展,钢筋表面已形成一层锈皮,受锤击或碰撞可见其剥落,这种铁锈不能很好地和混凝土黏结,影响钢筋和混凝土的握裹力,并且在混凝土中继续发展,需要清除。

钢筋除锈方式有三种:①手工除锈,如钢丝刷、砂堆、麻袋砂包、砂盘等擦锈;②除锈机

①王海雷,王力,李忠才.水利工程管理与施工技术[M].北京:九州出版社,2018.

械除锈;③在钢筋的其他加工工序的同时除锈,如在冷拉、调直过程中除锈。

(1)手工除锈。手工除锈有以下四种方法,如表 2-6 所示。

表 2-6 手工除锈的方法

手工除锈方法	具体操作
钢丝刷擦锈	将锈钢筋并排放在工作台或木垫板上,分面轮换用钢丝刷擦锈
砂堆擦锈	将带锈钢筋放在砂堆上往返推拉,直至擦净为止
麻袋砂包擦锈	用麻袋包砂,将钢筋包裹在砂袋中,来回推拉擦锈
砂盘擦锈	在砂盘里装入掺 20%碎石的干粗砂,把锈蚀的钢筋穿进砂盘两端的半圆形槽里来回冲擦,可除去铁锈

(2)机械除锈。除锈机由小功率电动机作为动力,带动阙盘钢丝刷的转动来清除钢筋上的铁锈,钢丝刷可单向或双向旋转。除锈机有固定式和移动式两种类型。固定式除锈机,又分为封闭式和敞开式两种类型。它主要由小功率电动机和圆盘钢丝刷组成。圆盘钢丝刷有厂家供应成品,也可自行用钢丝绳废头拆开取丝编制,直径为 25~35cm,厚度为 5~15cm。所用转速一般为 1 000r/min。封闭式除锈机另加装一个封闭式的排尘罩和排尘管道。操作除锈机时应注意以下几点:

第一,操作人员起动除锈机,将钢筋放平握紧,侧身送料,禁止在除锈机的正前方站人。钢筋与钢丝刷的松紧度要适当,过紧会使钢丝刷损坏,过松则影响除锈效果。

第二,钢丝刷转动时不可在附近清扫锈屑。

第三,严禁将已弯曲成型的钢筋在除锈机上除锈,弯度大的钢筋宜在基本调直后再进行除锈。在整根长的钢筋除锈时,一般要由两人进行操作。两人要紧密配合,互相呼应。

第四,对于有起层锈片的钢筋,应先用小锤敲击,使锈片剥落干净,再除锈。如钢筋表面的麻坑、斑点以及锈皮已损伤钢筋的截面,则在使用前应鉴定是否降级使用或另做其他处理。

第五,使用前应特别注意检查电气设备的绝缘及接地是否良好,确保操作安全。

第六,应经常检查钢丝刷的固定螺丝有无松动,转动部分的润滑情况是否良好。

第七,检查封闭式防尘罩装置及排尘设备是否处于良好和有效状态,并按规定清扫防护罩中的锈尘。

2.钢筋调直方法

钢筋在使用前必须经过调直,否则会影响钢筋受力,甚至会使混凝土提前产生裂缝,如未调直直接下料,会影响钢筋的下料长度,并影响后续工序的质量。

钢筋调直应符合下列要求:第一,钢筋的表面应洁净,使用前应无表面油渍、漆皮、锈皮等。第二,钢筋应平直,无局部弯曲,钢筋中心线同直线的偏差不超过其全长的 1%。成盘的钢筋或弯曲的钢筋均应调直后才允许使用。第三,钢筋调直后其表面伤痕不得使钢筋截面积减少5%以上。

(1)人工调直。人工调直有以下几种类型:

第一,钢丝的人工调直。冷拔低碳钢丝经冷拔加工后塑性下降,硬度增高,用一般人工平直方法调直较困难,所以一般采用机械调直的方法。但在工程量小、缺乏设备的情况下,可以采用蛇形管或夹轮牵引调直。

蛇形管是用长40~50cm、外径2cm的厚壁钢管(或用外径2.5cm钢管内衬弹簧圈)弯曲成蛇形,钢管内径稍大于钢丝直径,蛇形管四周钻小孔,钢丝拉拔时可使锈粉从小孔中排出。管两端连接喇叭进出口,将蛇形管固定在支架上,需要调直的钢丝穿过蛇形管,用人力向前牵引,即可将钢丝基本调直,局部弯曲处可用小锤加以平直。冷拔低碳钢丝还可通过夹轮牵引调直。

第二,盘圆钢筋人工调直。直径10mm以下的盘圆钢筋可用绞磨拉直,先将盘圆钢筋搁在放圈架上,人工将钢筋拉到一定长度切断,分别将钢筋两端夹在地锚和绞磨的夹具上,推动绞磨,即可将钢筋拉直。

第三,粗钢筋人工调直。直径10mm以上的粗钢筋是直条状,在运输和堆放过程中易造成弯曲,其调直方法是:根据具体弯曲情况将钢筋弯曲部位置于工作台的扳柱间,就势利用手工扳子将钢筋弯曲基本矫直。也可手持直段钢筋处作为力臂,直接将钢筋弯曲处放在扳柱间扳直,然后将基本矫直的钢筋放在铁砧上,用大锤敲直。

(2)机械调直。钢筋的机械调直可用钢筋调直机、弯筋机、卷扬机等调直。钢筋调直机用于圆钢筋的调直和切断,并可清除其表面的氧化皮和污迹。目前常用的钢筋调直机有GT16/4、GT3/8、GT6/12、GT10/16。此外还有一种数控钢筋调直切断机,利用光电管进行调直、输送、切断、除锈等功能的自动控制。GT16/4型钢筋调直切断机主要由放盘架、调直筒、传动箱、牵引机构、切断机构、承料架、机架及电控箱等组成。它由电动机通过三角皮带传动,而带动调直筒高速旋转。调直筒内有五块可以调节的调直模,被调直钢筋在牵引辊强迫作用下通过调直筒,利用调直模的偏心,使钢筋得到多次连续的反复塑性变形,从而将钢筋调直,牵引与切断机构是由一台电动机,通过三角皮带传动、齿轮传动、杠杆离合器及制动器等实现。牵引辊根据钢筋直径不同,更换相应的辊槽。当调直好的钢筋达到预设的长度,而触及电磁铁,通过杠杆控制离合器,使之与齿轮为一体,带动凸轮轴旋转,并通过凸轮和杠杆使装有切刀的刀架摆动,切断钢筋同时强迫承料架挡板打开,成品落到集材槽内,从而完成一个工作循环。

操作钢筋调直切断机应注意以下几点:

第一,按所需调直钢筋的直径选用适当的调直模、送料、牵引轮槽及速度,调直模的孔径应比钢筋直径大2~5mm,调直模的大口应面向钢筋进入的方向。

第二,必须注意调整调直模。调直筒内一般设有 5 个调直模,第 1 个、第 5 个调直模须放在中心线上,中间 3 个可偏离中心线。先使钢筋偏移 3mm 左右的偏移量,经过试调直,如钢筋仍有宏观弯曲,可逐渐加大偏移量;如钢筋存在微观弯曲,应逐渐减少偏移量,直到调直为止。

第三,切断 3~4 根钢筋后,停机检查其长度是否合适,如有偏差,可调整限位开关或定尺板。

第四,导向套前部,应安装一根长度为 1m 左右的钢管。须调直的钢筋应先穿过该钢管,然后穿入导向套和调直筒,以防止每盘钢筋接近调直完毕时其端头弹出伤人。

第五,在调直过程中不应任意调整传送压辊的水平装置,如调整不当,阻力增大,会造成机内断筋,损坏设备。

第六,盘条放在放盘架上要平稳,放盘架与调直机之间应架设环形导向装置,避免断筋、乱筋时出现意外。

第七,已调直的钢筋应按级别、直径、长短、根数分别堆放。

3.钢筋切断方法

钢筋切断前应做好的准备工作包括:第一,汇总当班所要切断的钢筋料牌,将同规格(同级别、同直径)的钢筋分别统计,按不同长度进行长短搭配,一般情况下先断长料,后断短料,以尽量减少短头,减少损耗。第二,检查测量长度所用工具或标志的准确性,在工作台上有量尺刻度线的,应事先检查定尺卡板的牢固和可靠性。在断料时应避免用短尺量长料,防止在量料中产生累计误差。第三,对根数较多的批量切断任务,在正式操作前应试切 2~3 根,以检验长度的准确。

钢筋切断有人工剪断、机械切断、氧气切割等 3 种方法。直径大于 40mm 的钢筋一般用氧气切割。

(1)手工切断。手工切断的工具有以下几种:

第一,断线钳。断线钳是定型产品,按其外形长度可分为 450mm、600mm、750mm、900mm、1050mm 5 种,最常用的是 600mm。断线钳用于切断 5mm 以下的钢丝。

第二,手动液压钢筋切断机。手动液压钢筋由滑轨、刀片、压杆、柱塞、活塞、储油筒、回位弹簧及缸体等组成,能切断直径为 16mm 以下的钢筋,直径 25mm 以下的钢绞线。这种机具具有体积小、重量轻、操作简单、便于携带的特点。

手动液压钢筋切断机操作时把放油阀按顺时针方向旋紧,揿动压杆使柱塞提升,吸油阀被打开,工作油进入油室;提升压杆,工作油便被压缩进入缸体内腔,压力油推动活塞前进,安装在活塞前部的刀片即可断料。切断完毕后立即按逆时针方向旋开放油阀,在回位弹簧的作用下,压力油又流回油室,刀头自动缩回缸内。如此重复动作,进行切断钢筋操作。

第三,手压切断器。手压切断器用于切断直径 16mm 以下的 HPB 级钢筋。手压切断器由固定刀片、活动刀片、底座、手柄等组成,固定刀片连接在底座上,活动刀片通过几个轴(或齿轮)以杠杆原理加力来切断钢筋,当钢筋直径较大时可适当加长手柄。

第四,克子切断器。克子切断器用于钢筋加工量少或缺乏切断设备的场合。使用时将下克插在铁贴的孔里,把钢筋放在下克槽里,上克边紧贴下克边,用大锤敲击上克使钢筋切断。

手工切断工具如没有固定基础,在操作过程中可能发生移动,所以在采用卡板作为控制切断尺寸的标志。而大量切断钢筋时,就必须经常复核断料尺寸是否准确,特别是一种规格的钢筋切断量很大时,更应在操作过程中经常检查,避免刀口和卡板间距离发生移动,引起断料尺寸错误。

(2)机械切断。钢筋切断机是用来把钢筋原材料或已调直的钢筋切断,其主要类型有机械式、液压式和手持式钢筋切断机。机械式钢筋切断机有偏心轴立式、凸轮式和曲柄连杆式等类型。

偏心轴立式钢筋切断机由电动机、齿轮传动系统、偏心轴、压料系统、切断刀及机体部件等组成。一般用于钢筋加工生产线上。由一台功率为 3kW 的电动机通过一对皮带轮驱动飞轮轴,再经三级齿轮减速后,通过转键离合器驱动偏心轴,实现动刀片往复运动与定刀片配合切断钢筋。

曲柄连杆式钢筋切断机又分开式、半开式及封闭式 3 种,它主要由电动机、曲柄连杆机构、偏心轴、传动齿轮、减速齿轮及切断刀等组成。曲柄连杆式钢筋切断机由电动机驱动三角皮带轮,通过减速齿轮系统带动偏心轴旋转。偏心轴上的连杆带动滑块和活动刀片在机座的滑道中作往复运动,配合机座上的固定刀片切断钢筋。

操作钢筋切断机应注意以下几点:

第一,被切钢筋应先调直后才能切断。

第二,在断短料时,不用手扶的一端应用 1m 以上长度的钢管套压。

第三,切断钢筋时,操作者的手只准握在靠边一端的钢筋上,禁止使用两手分别握在钢筋的两端剪切。

第四,向切断机送料时,要注意:①钢筋要摆直,不要将钢筋弯成弧形;②操作者要将钢筋握紧;③应在冲切刀片向后退时送进钢筋,如来不及送料,宁可等下一次退刀时再送料,否则,可能发生人身安全或设备事故;④切断 30cm 以下的短钢筋时,不能用手直接送料,可用钳子将钢筋夹住送料;⑤机器运转时,不得进行任何修理、校正或取下防护罩,不得触及运转部位,严禁将手放在刀片切断位置,铁屑、铁末不得用手抹或嘴吹,一切清洁扫除应停机后进行；⑥禁止切断规定范围外的材料、烧红的钢筋及超过刀刃硬度的材料；⑦操作过程中如发现机械运转不正常，或有异常响声，或者刀片离合不好等情况，要立即停机，并进行检查、修理。

第五，电动液压式钢筋切断机须注意：①检查油位及电动机旋转方向是否正确；②先松开放油阀，空载运转2min，排掉缸体内空气，然后拧紧。手握钢筋稍微用力将活塞刀片拨动一下，给活塞以压力，即可进行剪切工作。

第六，手动液压式钢筋切断机还须注意：①使用前应将放油阀按顺时针方向旋紧；切断完毕后，立即按逆时针方向旋开；②在准备工作完毕后，拔出柱销，拉开滑轨，将钢筋放在滑轨圆槽中，合上滑轨，即可剪切。

4.钢筋弯曲成型方法

钢筋弯曲前，对形状复杂的钢筋(如弯起钢筋)，根据钢筋料牌上标明的尺寸，用石笔将各弯曲点位置画出。画线时应注意：第一，根据不同的弯曲角度扣除弯曲调整值，其扣法是从相邻两段长度中各扣一半；第二，钢筋端部带半圆弯钩时，该段长度画线时增加0.5d(d为钢筋直径)；第三，画线工作宜从钢筋中线开始向两边进行；两边不对称的钢筋，也可从钢筋一端开始画线，如画到另一端有出入时，则应重新调整。

钢筋弯曲成型要求加工的钢筋形状正确，平面上没有翘曲不平的现象，便于绑扎安装。钢筋弯曲成型有手工和机械弯曲成型两种方法。

(1)手工弯曲成型。手工弯曲成型的步骤如下：

第一，准备工作。熟悉要进行弯曲加工钢筋的规格、形状和各部分尺寸，确定弯曲操作的步骤和工具。确定弯曲顺序，避免在弯曲时将钢筋反复调转，影响工效。

第二，画线。一般画线方法是在划弯曲钢筋分段尺寸时，将不同角度的长度调整值在弯曲操作方向相反的一侧长度内扣除，划上分段尺寸线，这条线称为弯曲点线，根据这条线并按规定方法弯曲后，钢筋的形状和尺寸与图纸要求的基本相符。当形状比较简单或同一形状根数较多的钢筋进行弯曲时，可以不画线，而在工作台上按各段尺寸要求固定若干标志，按标志操作。

第三，试弯。在成批钢筋弯曲操作之前，各种类型的弯曲钢筋都要试弯一根，然后检查其弯曲形状、尺寸是否和设计要求相符；并校对钢筋的弯曲顺序、画线、所定的弯曲标志、扳距等是否合适。经过调整后，再进行批量生产。

第四，弯曲成型。在钢筋开始弯曲前，应注意扳距和弯曲点线、扳柱之间的关系。为了保证钢筋弯曲形状正确，使钢筋弯曲圆弧有一定曲率，且在操作时扳子端部不碰到扳柱，扳子和扳柱间必须有一定的距离，这段距离称扳距。扳距的大小是根据钢筋的弯制角度和直径来变化的。

(2)机械弯曲。钢筋弯曲机有机械式钢筋弯曲机、液压式钢筋弯曲机和钢筋弯箍机等几种类型。

机械式钢筋弯曲机按工作原理分为齿轮式及蜗轮蜗杆式钢筋弯曲机两种。蜗轮蜗杆式钢筋弯曲机由电动机、工作盘、插入座、蜗轮、蜗杆、皮带轮及滚轴等组成,也可在底部装设行走轮,便于移动。齿轮式钢筋弯曲机主要由电动机、齿轮减速箱、皮带轮、工作盘、滚轴、夹持器、转轴及控制配电箱等组成。齿轮式钢筋弯曲机,由电动机通过三角皮带轮或直接驱动圆柱齿轮减速,带动工作盘旋转。工作盘左、右两个插入座可通过调节手轮进行无级调节,并与不同直径的成型轴及挡料轴配合,把钢筋弯曲成各种不同规格。当钢筋被弯曲到预先确定的角度时,限位销触到行程开关,电动机自动停机、反转、回位。

操作钢筋弯曲机应注意以下几点:

第一,钢筋弯曲机要安装在坚实的地面上,放置要平稳,铁轮前后要用三角对称楔紧,设备周围要有足够的场地。非操作者不要进入工作区域,以免扳动钢筋时被碰伤。

第二,操作前要对机械各部件进行全面检查以及试运转,并检查齿轮、轴套等备件是否齐全。

第三,要熟悉倒顺开关的使用方法以及所控制的工作盘的旋转方向,钢筋放置要和成型轴、工作盘旋转方向相配合,不要放反。变换工作盘旋转方向时,要按正转—停—倒转操作,不要直接按正—倒转或倒—正转操作。

第四,钢筋弯曲时,其圆弧直径是由中心轴直径决定的,所以要根据钢筋粗细和所要求的圆弧弯曲直径大小随时更换中心轴或轴套。

第五,严禁在机械运转过程中更换中心轴、成型轴、挡铁轴,或进行清扫、加油。如果需要更换,必须切断电源,当机器停止转动后才能更换。

第六,弯曲钢筋时,应使钢筋挡架上的挡板贴紧钢筋,以保证弯曲质量。

第七,弯曲较长的钢筋时,要有专人扶持钢筋。扶持人员应按操作人员的指挥进行工作,不能任意推拉。

第八,在运转过程中如发现卡盘、颤动、电动机温升超过规定值,均应停机检修。

第九,不直的钢筋,禁止在弯曲机上弯曲。

(二)钢筋的冷拉技术

钢筋的冷加工有冷拉、冷拔、冷轧等三种类型。这里仅分析钢筋的冷拉。

1.冷拉机械

常用的冷拉机械有阻力轮式、卷扬机式、丝杠式、液压式等钢筋冷拉机。

(1)阻力轮式钢筋冷拉机。阻力轮式钢筋冷拉机由支承架、阻力轮、电动机、变速箱、绞轮等组成。主要适用于冷拉直径为6~8mm的盘圆钢筋,冷拉率为6%~8%。若与两台调直机配合使用,可加工出所需长度的冷拉钢筋。阻力轮式钢筋冷拉机,是利用一个变速箱,其出头轴装有绞轮,由电动机带动变速箱高速轴,使绞轮随着变速箱低速轴一同旋转,强力使钢筋通过4个(或6个)不在一条直线上的阻力轮,将钢筋拉长。绞轮直径一般为550mm。阻力轮是固定在支承架上的滑轮,直径为100mm,其中一个阻力轮的高度可以调节,以便改变阻力大小,控制冷拉率。

(2)卷扬机式钢筋冷拉机。卷扬机式钢筋冷拉工艺是目前普遍采用的冷拉工艺。它具有适应性强,可按要求调节冷拉率和冷拉控制应力;冷拉行程大,不受设备限制,可适应冷拉不同长度和直径的钢筋;设备简单、效率高、成本低。

卷扬机式钢筋冷拉机主要由卷扬机、滑轮组、地锚、导向滑轮、夹具和测力装置等组成。工作时,由于卷筒上传动铜丝绳是正、反穿绕在两副动滑轮组上,所以当卷扬机旋转时,夹持钢筋的一副动滑轮组被拉向卷扬机,使钢筋被拉伸;而另一副动滑轮组则被拉向导向滑轮,为下次冷拉时交替使用。钢筋所受的拉力经传力杆、活动横梁传送给测力装置,从而测出拉力的大小。对于拉伸长度,可通过标尺直接测量或用行程开关来控制。

2.冷拉钢筋作业

第一,钢筋冷拉前,应先检查钢筋冷拉设备的能力和冷拉钢筋所需的吨位值是否相适应,不允许超载冷拉。用旧设备拉粗钢筋时应特别注意。

第二,为确保冷拉钢筋的质量,钢筋冷拉前,应对测力器和各项冷拉数据进行校核,并做好记录。

第三,冷拉钢筋时,操作人员应站在冷拉线的侧向,操作人员应在统一指挥下进行作业。听到开车信号,看到操作人员离开危险区后,方能开车。

第四,在冷拉过程中,应随时注意限制信号,当看到停车信号或见到有人误入危险区时,应立即停车,并稍微放松钢丝绳。在作业过程中,严禁横向跨越钢丝绳或冷拉线。

第五,冷拉钢筋时,不论是拉紧或放松,均应缓慢和均匀地进行,绝不能时快时慢。

第六,冷拉钢筋时,如遇焊接接头被拉断,可重新焊接后再拉,但一般不得超过两次。

(三)钢筋的绑扎与安装技术

建基面终验清理完毕或施工缝处理完毕养护一定时间,混凝土强度达到2.5MPa后,即进行钢筋的绑扎与安装作业。

钢筋的安装方法有两种:一种是将钢筋骨架在加工厂制好,再运到现场安装,叫作整装法;另一种是将加工好的散钢筋运到现场,再逐根安装,叫作散装法①。

1.钢筋的绑扎接头

根据施工规范规定:直径在25mm以下的钢筋接头,可采用绑扎接头,轴心受压、小偏心受拉构件和承受振动荷载的构件中,钢筋接头不得采用绑扎接头。

钢筋绑扎采用应遵守相关规定:①搭接长度不得小于规定的数值。②受拉区域内的光面钢筋绑扎接头的末端,应做弯钩。③梁、柱钢筋的接头,如采用绑扎接头,则在绑扎接头的搭接长度范围内应加密钢箍。当搭接钢筋为受拉钢筋时,箍筋间距不应大于5d(d为两搭接钢筋中较小的直径);当搭接钢筋为受压钢筋时,箍筋间距不应大于10d。

钢筋接头应分散布置,配置在同一截面内的受力钢筋,其接头的截面积占受力钢筋总截面积的比例应符合下列要求:第一,绑扎接头在构件的受拉区中不超过25%,在受压区中不超过50%;第二,焊接与绑扎接头距钢筋弯起点不小于10d,也不位于最大弯矩处;第三,在施工中如分辨不清受拉、受压区时,其接头设置应按受拉区的规定;第四,两根钢筋相距在30d或50cm以内,两绑扎接头的中距在绑扎搭接长度以内,均做同一截面。

直径等于和小于12mm的受压HPB235级钢筋的末端,以及轴心受压构件中任意直径的受力钢筋的末端,可不做弯钩,但搭接长度不应小于30d。

2.钢筋的现场绑扎

(1)准备工作。钢筋现场绑扎的准备工作包括以下几点:

第一,熟悉施工图纸。通过熟悉图纸,一方面校核钢筋加工中是否有遗漏或误差;另一方面也可以检查图纸中是否存在与实际情况不符的地方,以便及时改正。

第二,核对钢筋加工配料单和料牌。在熟悉施工图纸的过程中,应核对钢筋加工配料单和料牌,并检查已加工成型的成品的规格、形状、数量、间距是否和图纸一致。

第三,确定安装顺序。钢筋绑扎与安装的主要工作内容包括:放样画线、排筋绑扎、垫撑铁和保护层垫块、检查校正及固定预埋件等,为保证工程顺利进行,在熟悉图纸的基础上,要考虑钢筋绑扎安装顺序。板类构件排筋顺序一般先排受力钢筋后排分布钢筋;梁类构件一般先摆纵筋(摆放有焊接接头和绑扎接头的钢筋应符合规定),再排箍筋,最后固定。

第四,做好材料、机具的准备。钢筋绑扎与安装的主要材料、机具包括:钢筋钩、吊线垂球、木水平尺、麻线,长钢尺、钢卷尺、扎丝、垫保护层用的砂浆垫块或塑料卡、撬杆、绑扎架等。对于结构较大或形状较复杂的构件,为了固定钢筋还需一些钢筋支架、钢筋支撑。

扎丝一般采用18~22号铁丝或镀锌铁丝。扎丝长度一般以钢筋钩拧2~3圈后,铁丝

---

①王文平.水利工程中钢筋混凝土施工技术探究[J].建筑工程技术与设计,2018,(33):298.

出头长度为20cm左右。

混凝土保护层厚度,必须严格按设计要求控制。控制其厚度可用水泥砂浆垫块或塑料卡。水泥砂浆垫块的厚度应等于保护层厚度;平面尺寸当保护层厚度等于或小于20mm时为30mm×30mm、大于20mm时为50mm×50mm。在垂直方向使用垫块,应在垫块中埋入两根20号或22号铁丝,用铁丝将垫块绑在钢筋上。

第五,放钱。放线要从中心点开始向两边量距放点,定出纵向钢筋的位置。水平筋的放线可放在纵向钢筋或模板上。

(2)钢筋的绑扎。钢筋的绑扎操作如下:

钢筋的绑扎应顺直均匀、位置正确。钢筋绑扎的操作方法有一面顺扣法、十字花扣法、反十字扣法、兜扣法、缠扣法、兜扣加缠法、套扣法等,较常用的是一面顺扣法。

一面顺扣法的操作步骤是:首先,将已切断的扎丝在中间折合成180°弯;其次,将扎丝清理整齐绑扎时,执在左手的扎丝应靠近钢筋绑扎点的底部,右手拿住钢筋钩,食指压在钩前部,用钩尖端钩住扎丝底扣处,并紧靠扎丝开口端;最后,绕扎丝拧转两圈半,在绑扎时扎丝扣伸出钢筋底部要短,并用钩尖将铁丝扣紧。

为防止钢筋网(骨架)发生歪斜变形,相邻绑扎点的绑扣应采用八字形扎法。

第二节　水利建设地基处理

一、水利建设的土基处理

(一)土基加固的方法

1.换填法

换填法是将建筑物基础下的软弱土层或缺陷土层的一部分或全部挖去,然后换填密度大、压缩性低、强度高、水稳性好的天然或人工材料,并分层夯(振、压)实至要求的密实度,达到改善地基应力分布、提高地基稳定性和减少地基沉降的目的。

换填法的处理对象主要是淤泥、淤泥质土、湿陷性土、膨胀土、冻胀土、杂填土地基。水利工程中常用的垫层材料有砂砾土、碎(卵)石土、灰土、壤土、中砂、粗砂、矿渣等。近年来,土工合成材料加筋垫层因为良好的处理效果而受到重视并得到广泛的应用。

换土垫层与原土相比,其优点是具有很高的承载力,刚度大,变形小,它可提高地基排水固结的速度,防止季节性冻土的冻胀,清除膨胀土地基的胀缩性及湿陷性土层的湿陷性。灰土垫层还可以使其下土层含水量均衡转移,减小土层的差异性。

根据换填材料的不同,将垫层分为砂石(砂砾、碎卵石)垫层、土垫层(素土、灰土、二灰土垫层)、粉煤灰垫层、矿渣垫层、加筋砂石垫层等。

在不同的工程中,垫层所起的作用也是不相同的。例如,一般水闸、泵房基础下的砂垫层主要起到换土的作用,而在路堤和土坝等工程中,砂垫层主要起排水固结的作用。

2.排水固结法

排水法分为水平排水法和竖直排水法。

水平排水法是在软基的表面铺一层粗砂或有级配好的砂砾石做排水通道,在垫层上堆土或施加其他荷载,使孔隙水压力增高,形成水压差,孔隙水通过砂垫层逐步排出,孔隙减小,土被压缩,密度增加,强度提高。

竖直排水法是在软土层中建若干排水井,灌入沙子,形成竖向排水通道,在堆土或外荷载作用下达到排水固结、提高强度的目的。排水距离短,这样就大大缩短排水和固结的时间。砂井直径一般为20~100cm,井距为1.0~2.5m。井深主要取决于土层情况:当软土层较薄时,砂井宜贯穿软土层;当软土层较厚且夹有砂层时,一般可设在砂层上;当软土层较厚又无砂层,或软土层下有承压水时,则不应打穿。

3.强夯法

强夯法是使用吊升设备将重锤起吊至较大高度后,通过其自由落下所产生的巨大冲击能量来对地基产生强大的冲击和振动,从而加密和固实地基土壤,使地基土的各方面特性得到很好的改善,如渗透性、压缩性降低,密实度、承载力和稳定性提高。

强夯法适用于处理碎石土、砂土及低饱和度的粉土、黏性土、杂填土、湿陷性黄土等各类地基。这种方法具有设备简单、施工速度快、不添加特殊材料等特点,所以强夯法目前已成为我国最常用的地基处理方法之一。

4.振动水冲法

振动水冲法是用一种类似插入式混凝土振捣器的振冲器,在土层中进行射水振冲造孔,并以碎石或砂砾充填形成碎石桩或砂砾桩,达到加固地基的一种方法。振动水冲法不仅适用于松砂地基,也可用于黏性土地基。因碎石桩承担了大部分的传递荷载,同时改善了地基排水条件,加速了地基的固结,因而提高了地基的承载能力。一般碎石桩的直径为0.6~1.1m,桩距视地质条件在1.2~2.5m内选择。采用此法要有充足的水源。

5.旋喷加固法

旋喷加固法是利用旋喷机具建造旋喷桩,以提高地基的承载能力,也可以做联锁桩或定向喷射形成连续墙,用于地基防渗。这种方法适用于砂土、黏性土、淤泥等地基的加固,对砂卵石(最大粒径不大于20cm)的防渗也有较好的效果。

6.混凝土预制桩施工

混凝土预制桩有实心桩和空心桩两种。空心桩由预制厂用离心法生产而成。实心桩大多在现场预制而成。

预制桩必须提前订货加工,打桩时预制桩强度必须达到设计强度的100%。由于桩身弯曲过大、强度不足或地下有障碍物等,桩身易断裂,所以在使用时要及时检查。

(二)截断渗流处理的方法

由于受河道水流和地下水位的影响,河堤、大坝以及建筑物的地基会产生一定程度的渗透变形,严重时将危及建筑物的安全。解决的办法是截断渗流通道,以减少渗透变形。截断渗流具体的处理方法如下①:

1.高压喷射注浆

高压喷射注浆法是利用钻机把带有特制喷嘴的注浆管钻进土层的预定位置后,用高压泵将水泥浆液通过钻杆下端的喷射装置,以高速喷出,冲击切削土层,使喷流射程内土体破坏,同时钻杆一方面以一定的速度(20r/min)旋转,另一方面以一定速度(15~30cm/min)徐徐提升,使水泥浆与土体充分搅拌混合,胶结硬化后即在地基中形成具有一定强度(0.5~8.0MPa)的固结体,从而使地基得到加固。

2.防渗墙

防渗墙是修建在挡水建筑物地基透水地层中的防渗结构,可用于坝基和河堤的防渗加固。防渗墙之所以得到广泛的应用,是因为结构可靠、防渗效果好、施工方便、适应不同地层条件等。根据成墙材料和成墙工法的不同,常见的有水泥土防渗墙和塑性混凝土防渗墙两种。

(1)水泥土防渗墙。水泥土防渗墙是软土地基的一种新的截渗方法,它是用水泥、石灰等材料作为固化剂,通过深层搅拌机械,在地基深处就地将软土和固化剂强制搅拌,固化剂和软土经过一系列物理、化学反应后,软土硬化成具有整体性、水稳定性和一定强度的良好地基。深层搅拌桩施工分干法和湿法两类:干法是采用干燥状态的粉体材料作为固化剂,如石灰、水泥、矿渣粉等;湿法是采用水泥浆等浆液材料作为固化剂。

笔者只对湿法施工工艺进行阐述。

第一,施工机械。深层搅拌机是进行深层搅拌施工的关键机械,在地基深处就地搅拌需要强有力的工具。目前有中心管喷浆方式和叶片喷浆方式两种。叶片喷浆方式中的水泥浆从叶片上的小孔喷出,水泥浆与土体混合较均匀,这比较适合对大直径叶片的连续搅

①徐建.水利工程地基处理技术[J].建筑工程技术与设计,2018,(25):248.

拌。但喷浆管容易被土或其他物体堵塞,故只能使用纯水泥浆,且机械加工较为复杂。中心管喷浆方式中的水泥浆是从两根搅拌轴之间的另一根管子输出,且当叶片直径在 1m 以下时也不影响搅拌的均匀性。

第二,施工程序。深层搅拌法施工工艺过程如下:①机械定位。搅拌机自行移至桩位、对中,地面起伏不平时,应进行平整;②预搅下沉。启动搅拌机电机,放松起重机钢丝绳,使搅拌机沿导向架搅拌切土下沉。若下沉速度太慢,可从输浆系统补给清水以利钻进;③制备水泥浆。搅拌机下沉时,按设计给定的配合比制备水泥浆,并将制备好的水泥浆倒入集料斗;④喷浆提升搅拌。搅拌机下沉到设计深度时,开启灰浆泵,将浆液压入地基中,并且边喷浆边旋转,同时按设计要求的提升速度提升搅拌机;⑤重复上下搅拌。深层搅拌机提升至设计加固标高时,集料斗中的水泥浆应正好注完,为使软土搅拌均匀,应再次将搅拌机边旋转边沉入土中,至设计加固深度后再将搅拌机提升出地面;⑥清洗。向集料斗中注入适量清水,开启灰浆泵,清除全部管线中残存的水泥浆,并将黏附在搅拌头上的软土清除干净;⑦移至下一桩位,重复上述步骤,继续施工。

第三,浇筑混凝土。防渗墙混凝土浇筑是在泥浆下进行的,它除满足一般混凝土的要求外,还要满足相关要求:①混凝土浇筑要连续均衡地上升。由于无法处理混凝土施工缝,所以要连续地注入混凝土,均匀上升,直至全槽成墙。②不允许泥浆和混凝土掺混形成泥浆夹层。输送混凝土导管下口要始终埋在混凝土的内部,不要脱空;混凝土只能从先倒入的混凝土内部扩散,混凝土与泥浆只能始终保持一个接触面。

(2)塑性混凝土防渗墙。塑性混凝土防渗墙具有结构可靠、防渗效果好的特点,能适应多种不同的地质条件,修建深度大,施工时几乎不受地下水位的影响。

塑性混凝土防渗墙的基本形式是槽孔型,它是由一段段槽孔套节而成的地下墙,施工分两期进行,先施工的为一期槽孔,后施工的为二期槽孔,一、二期槽孔套接成墙。

防渗墙的施工程序为:造孔前的准备、泥浆固壁造孔、终孔验收和清孔换浆、浇筑防渗墙混凝土、全墙质量验收等。

第一,造孔前的准备工作。造孔前的准备工作包括测量放线、确定槽孔长度、设置导向槽和辅助作业。

第二,泥浆固壁造孔。由于土基比较松软,为了防止槽孔坍塌,造孔时应向槽孔内灌注泥浆,以维持孔壁稳定。注入槽孔内的泥浆除起固壁作用外,在造孔过程中还起悬浮泥土和冷却、润滑钻头的作用,渗入孔壁的泥浆和胶结在孔壁的泥皮还有防渗作用。造孔用的泥浆可用黏土或膨润土与水按一定比例配制。

第三,终孔验收和清孔换浆。造孔后应做好终孔验收和清孔换浆工作。造孔完毕后,孔内泥浆特别是孔底泥浆常含有大量的土石渣,影响混凝土的浇筑质量。所以,在浇筑前必须进行清孔换浆,以清除孔底的沉渣。

第四,泥浆下混凝土浇筑。泥浆下混凝土浇筑的特点是:不允许泥浆与混凝土掺混形成泥浆夹层;确保混凝土与不透水地基以及一、二期混凝土之间的良好结合;连续浇筑,一气呵成。

开浇前要在导管内放入一个直径较导管内径略小的导注塞(皮球或木球),通过受料斗向导管内注入适量的水泥砂浆,借水泥砂浆的重力将导注塞压至孔底,并将管内泥浆排出孔外,导注塞同时浮出泥浆液面。然后连续向导管内输送混凝土,保证导管底口埋入混凝土中的深度不小于1m,但不超过6m,以防泥浆掺入混合埋管。浇筑时应遵循先深后浅的顺序,即从最深的导管开始,由深到浅一个一个导管依次开浇,待全槽混凝土面浇平后,再全槽均衡上升,混凝土面上升速度不应小于2m/h,相邻导管处混凝土面高差应控制在0.5m以内。

二、水利建设的岩基处理

岩基的一般地质缺陷,经过开挖和灌浆处理后,地基的承载力和防渗性能都可以得到不同程度的改善。但对于一些比较特殊的地质缺陷,如断层破碎带、缓倾角的软弱夹层、层理以及岩溶地区较大的空洞和漏水通道等,如果这些缺陷的埋深较大或延伸较远,采用开挖处理在技术上就不太可能,在经济上也不合算,常须针对工程具体条件,采取一些特殊的处理措施。

(一)断层破碎带处理方法

由于地质构造原因形成的破碎带,有断层破碎带和挤压破碎带两种。经过地质错动和挤压,其中的岩块极易破碎,且风化强烈,常夹有泥质充填物。

对于宽度较小或闭合的断层破碎带,如果延伸不深,常采用开挖和回填混凝土的方法进行处理。即将一定深度范围内的断层和破碎风化岩层清理干净,直到新鲜岩基,然后回填混凝土。如果断层破碎带需要处理的深度很大,为了克服深层开挖的困难,可以采用大直径钻头(直径在1m以上)钻孔,到需要深度再回填混凝土。

对于埋深较大且为陡倾角的断层破碎带,在断层出露处回填混凝土,形成混凝土塞(取断层宽度的1.5倍),必要时可沿破碎带开挖斜井和平洞,回填混凝土,与断层相交一定长度,组成抗滑塞群,并有防渗帷幕穿过,组成混合结构。

(二)软弱夹层处理方法

软弱夹层是指基岩层面之间或裂隙面中间强度较低、已经泥化或容易泥化的夹层。

软弱夹层受到上部结构荷载作用后，很容易产生沉陷变形和滑动变形。软弱夹层的处理方法取决于夹层产状和地基的受力条件。

对于陡倾角软弱夹层，如果没有与上下游河水相通，可在断层入口进行开挖，回填混凝土，提高地基的承载力；如果夹层与库水相通，除对坝基范围内的夹层开挖回填混凝土外，还要对夹层入渗部位进行封闭处理；对于坝肩部位的陡倾角软弱夹层，主要是防止不稳定岩石塌滑，进行必要的锚固处理。

对于缓倾角软弱夹层，如果夹层埋藏不深，开挖量不是很大，最好的办法是彻底挖除；如果夹层埋藏较深，当夹层上部有足够的支撑岩体能维持基岩稳定时，可只对上游夹层进行挖除，回填混凝土，进行封闭处理。

（三）岩溶处理方法

岩溶是可溶性岩层长期受地表水或地下水的溶蚀和溶滤作用后产生的一种自然现象。由岩溶现象形成的溶槽、漏斗、溶洞、暗河、岩溶湖、岩溶泉等地质缺陷，削弱了基岩的承载能力，形成了漏水的通道。处理岩溶的主要目的是防止渗漏，保证蓄水，提高坝基的承载能力，确保大坝的安全稳定。

对坝基表层或较浅的地层，可开挖、清除后填充混凝土；对松散的大型溶洞，可对洞内进行高压旋喷灌浆，使填充物和浆液混合，连成一体，可提高松散物的承受能力；对裂缝较大的岩溶地段，用群孔水汽冲洗，高压灌浆对裂缝进行填充。

对岩溶的处理可采取堵、铺、截、围、导、灌等措施。堵就是堵塞漏水的洞眼；铺就是在漏水的地段做铺盖；截就是修筑截水墙；围就是将间歇泉、落水洞等围住，使之与库水隔开；导就是将建筑物下游的泉水导出建筑物以外；灌就是进行固结灌浆和帷幕灌浆。

（四）岩基锚固方法

岩基锚固是用预应力锚束对基岩施加主动预压应力的一种锚固技术，达到加固和改善地基受力条件的目的。

对于缓倾角软弱夹层，当分布较浅、层数较多时，可设置钢筋混凝土桩和预应力锚索进行加固。在基础范围内，沿夹层自上而下钻孔或开挖竖井，穿过几层夹层，浇筑钢筋混凝土，形成抗剪桩。在一些工程中采用预应力锚固技术，加固软弱夹层，效果明显。其形式有锚筋和锚索，可对局部及大面积地基进行加固。

在水利工程中，利用锚固技术可以解决以下几方面的问题：第一，高边坡开挖时锚固边坡；第二，坝基、岸坡抗滑稳定加固；第三，锚固建筑物，改善受力条件，提高抗震性能；第四，大型洞室支护加固；第五，混凝土建筑物的裂缝和缺陷修补锚固；第六，大坝加高加固。

三、水利建设的基础与地基的锚固

将受拉杆件的一端固定于岩(土)体中,另一端与工程结构物相连接,利用锚固结构的抗剪、抗拉强度,改善岩土力学性质,增加抗剪强度,对地基与结构物起到加固作用的技术,统称为锚固技术或锚固法。

锚固技术具有效果可靠、施工干扰小、节省工程量、应用范围广等优点,在国内外得到了广泛的应用。在水利水电工程施工中,主要应用于以下方面:第一,高边坡开挖时锚固边坡;第二,坝基、岸坡抗滑稳定加固;第三,大型洞室支护加固;第四,大坝加高加固;第五,锚固建筑物,改善应力条件,提高抗震性能;第六,建筑物裂缝、缺陷等的修补和加固。

可供锚固的地基不仅限于岩石,还在软岩、风化层以及砂卵石、软黏土等地基中取得了经验。

(一)锚固施工工艺流程

锚固施工工艺流程如图 2-1 所示①。

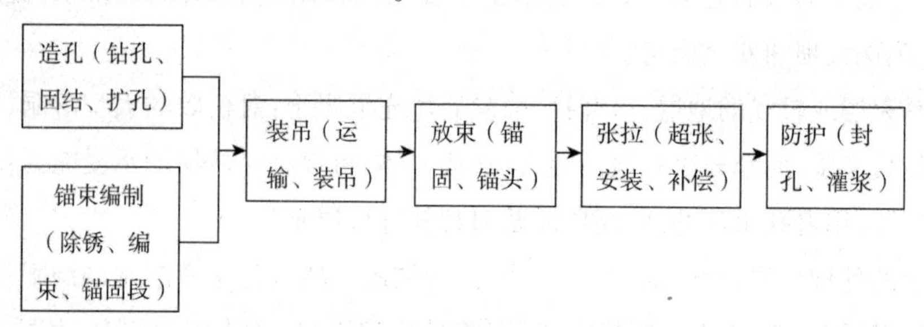

图 2-1 锚固施工工艺流程

(二)锚固结构及锚固方法

锚固结构一般由内锚固段(锚根)、自由段(锚束)、外锚固段(锚头)组成整个锚杆。

内锚固段是必须有的,其锚固长度及锚固方式取决于锚杆的极限抗拔能力,锚头设置与否、自由段的长度大小取决于是否要施加预应力及施加的范围,整个锚杆的配置取决于锚杆的设计拉力。

1.内锚固段(锚根)

内锚固段即锚杆深入并固定在锚孔底部扩孔段的部分,要求能保证对锚束施加预应力。按固定方式一般分为黏着式和机械式,具体如表 2-7 所示。

---

①赵启光.水利工程施工与管理[M].郑州:黄河水利出版社,2011.

表 2-7　内锚固段(锚根)的类型

内锚固段(锚根)的类型	主题描述
黏着式锚固段	按锚固段的胶结材料是先于锚杆填入还是后于锚杆灌浆,分为填入法和灌浆法。胶结材料有高强水泥砂浆或纯水泥浆、化工树脂等。在天然地层中的锚固方法多以钻孔灌浆为主,称为灌浆锚杆,施工工艺有常压灌浆和高压灌浆、预压灌浆、化学灌浆和许多特殊的锚固灌浆技术(专利)。目前,国内多用水泥砂浆灌浆
机械式锚固段	它是利用特制的三片钢齿状夹板的倒楔作用,将锚固段根部挤固在孔底,称为机械锚杆

2.自由段(锚束)

锚束是承受张拉力,对岩(土)体起加固作用的主体。采用的钢材与钢筋混凝土中的钢筋相同,注意应具有足够大的弹性模量满足张拉的要求。宜选用高强度钢材,降低锚杆张拉要求的用钢量,但不得在预应力锚束上使用两种不同的金属材料,避免因异种金属长期接触发生化学腐蚀。常用材料可分为以下两大类:

(1)粗钢筋。我国常用热乳光面钢筋和变形(调质)钢筋。变形钢筋可增强钢筋与砂浆的握裹力。钢筋的直径常用 25~32mm,其抗拉强度标准值按国标《混凝土结构设计规范》(GB 50010—2010)的规定采用。

(2)锚束。通常由高强钢丝、钢绞线组成。其规格按国标《预应力混凝土用钢丝》(GB 5223—2014)与《预应力混凝土用钢绞线》(GB 5224—2014)选用。高强钢丝能够密集排列,多用于大吨位锚束,适用于混凝土锚头、镦头锚及组合锚等。钢绞线对于编束、锚固均比较方便,但价格较高,锚具也较贵,多用于中小型锚束。

3.外锚固段(锚头)

锚头是实施锚束张拉并予以锁定,以保持锚束预应力的构件,即孔口上的承载体。锚头一般由台座、承压垫板和紧固器三部分组成。因每个工点的情况不同,设计拉力也不同,必须进行具体设计。外锚固段(锚头)的组成部分如表 2-8 所示。

表 2-8　外锚固段(锚头)的组成部分

组成部分	主题描述
台座	预应力承压面与锚束方向不垂直时,用台座调正并固定位置,可以防止应力集中破坏。台座用型钢或钢筋混凝土做成
承压垫板	在台座与紧固器之间使用承压垫板,能使锚束的集中力均匀地分散到台座上。一般采用 20~40mm 厚的钢板
紧固器	张拉后的锚束通过紧固器的紧固作用,与垫板、台座、构筑物贴紧锚固成一体。钢筋的紧固器采用螺母或专用的联结器或压熔杆端等。钢丝或钢绞线的紧固器可使用楔形紧固器(锚圈与锚塞或锚盘与夹片)或组合式锚头装置

第三节 水利建设导截流工程

水利工程的主体建筑物,如大坝、水闸等,一般是修建在河流中的。而施工是在干地中进行的,这样就需要在进行建筑物施工前,把原来的河道中的水暂时引向其他地方并流入下游。例如,要建一座水电站,先在河床外修建一条明渠,使原河流经过明渠安全泄流到下游,用堤坝把建筑物范围内的河道围起来,这种堤坝就叫作围堰。围堰围起来的河道范围叫作基坑。排干基坑中的水后即可作为施工现场。这种方法就是施工导流。

一、水利建设的施工导流

施工导流是保证干地施工和施工工期的关键,是水利工程施工特有的施工情况,对水利工程建设有重要的理论和现实意义。

(一)导流设计流量的确定方法

1.导流标准

导流的前提和保证是知道导流设计流量的大小是施工,只有在保证施工安全的前提下,才能进行施工导流。导流设计流量取决于洪水频率标准①。

施工期可能遇到的洪水为随机事件。如果导流设计标准太低,则不能保证工程的施工安全;如果导流设计标准太高,则会使导流工程设计规模过大,不仅导流费用增加,而且可能因其规模太大而无法按期完工,造成工程施工的被动局面。由此可见,导流设计标准的确定,实际上是要在经济性与风险性之间寻求平衡。

根据现行《水利水电工程施工组织设计规范》(SL 303—2017),在确定导流设计标准时,首先根据导流建筑物的保护对象、使用年限、失事后果和工程规模等因素,将导流建筑物确定为3~5级。

2.导流时段划分

导流时段就是按照导流程序划分的各施工阶段的延续时间。我国一般河流全年的流量变化过程分为枯水期、中水期和洪水期。

在不影响主体工程施工的情况下,如果导流建筑物只担负非洪水期的挡水泄水任务,显然可以大大减少导流建筑物的工程量,改善导流建筑物的工作条件,具有明显的技术经

①杨东辉.浅论水利工程中导截流技术的应用[J].建材与装饰,2018,(28):290.

济效益。由此可见,合理划分导流时段,明确不同导流时段建筑物的工作条件,是既安全又经济地完成导流任务的基本要求。

导流时段的划分与河流的水文特征、水工建筑物的形式、导流方案、施工进度有关。土坝、堆石坝和支墩坝一般不允许过水,当施工进度能够保证在洪水来临前完工时,导流时段可按洪水来临前的施工时段为标准,导流设计流量即为洪水来临前的施工时段内按导流标准确定的相应洪水重现期的最大流量。但是当施工期较长,洪水来临前不能完建时,导流时段就要考虑以全年为标准,其导流设计流量就应以导流设计标准来确定相应洪水期的年最大流量。

山区型河流的特点是洪水期流量特别大,历时短,而枯水期流量特别小,所以水位变幅很大。若按一般导流标准要求设计导流建筑物,则须将挡水围堰修得很高或者泄水建筑物的尺寸设计得很大,这样显然是很不经济的。可以考虑采用允许基坑淹没的导流方案,就是大水来时围堰过水,基坑被淹没,河床部分停工,待洪水退落、围堰挡水时再继续施工。由于基坑淹没引起的停工天数不长,故使得施工进度能够保证,而导流总费用(导流建筑物费用与淹没基坑费用之和)又较省,所以比较合理。

(二)选择施工导流方案的影响因素分析

水利水电枢纽工程的施工,从开工到完建往往不是采用单一的导流方法,而是几种导流方法组合起来配合运用,以取得最佳的技术经济效果。例如,三峡工程采用分期导流方式,分三期进行施工,第一期土石围堰围护右岸江河,江水和船舶从主河槽通过;第二期围护主河槽,江水经导流明渠泄向下游;第三期修建碾压混凝土围堰拦断明渠,江水经由泄洪坝段的永久深孔和 22 个临时导流底孔下泄。这种不同导流时段、不同导流方法的组合,通常就称为导流方案。

导流方案的选择应根据不同的环境、目的和因素等综合确定。合理的导流方案,必须在周密地研究各种影响因素的基础上,拟订几个可能的方案,进行技术经济比较,从中选择技术经济指标优越的方案。

选择导流方案时考虑的主要因素如下:

1.水文条件

在制定水文条件时,水文条件是首要考虑的因素。全年河流流量的变化情况、每个时期的流量大小和时间长短、水位变化的幅度、冬季的流冰及冰冻情况等,都是影响导流方案的因素。

通常来说,对于河床单宽流量大的河流,宜采用分段围堰法导流。对于枯水期较长的河流,可以充分利用枯水期安排工程施工。对于流冰的河流,应充分注意流冰的宣泄问题,以免流冰壅塞,影响泄流,造成导流建筑物失事。

2.地质条件

河床的地质条件对导流方案的选择与导流建筑物的布置有直接影响。若河流两岸或一岸岩石坚硬且有足够的抗压强度,则有利于选用隧洞导流。如果岩石的风化层破碎,或有较厚的沉积滩地,则选择明渠导流。河流的窄深对导流方案的选择也有直接的关系。当河道窄时,其过水断面的面积必然有限,水流流过的速度增大。对于岩石河床,其抗冲刷能力较强。河床允许束窄程度甚至可达到88%,流速增加到7.5 m/s,但对覆盖层较厚的河床,抗冲刷能力较差,其束窄程度不到30%,流速仅允许达到3.0 m/s。此外,选择围堰形式,基坑能否允许淹没,能否利用当地材料修筑围堰等,也都与地质条件有关。

3.水工建筑物的形式和布置

水工建筑物的形式和布置与导流方案相互影响,所以在决定建筑物的形式和枢纽布置时,应该同时考虑并拟订导流方案,而在选定导流方案时,又应该充分利用建筑物形式和枢纽布置方面的特点。若枢纽组成中有隧洞、涵管、泄水孔等永久泄水建筑物,在选择导流方案时应尽可能利用。在设计永久泄水建筑物的断面尺寸及其布置位置时,也要充分考虑施工导流的要求。

就挡水建筑物的形式来说,土坝、土石混合坝和堆石坝的抗冲能力小,除采取特殊措施外,一般不允许从坝身过水,所以多利用坝身以外的泄水建筑物(如隧洞、明渠等)或坝身范围内的泄水建筑物(如涵管等)来导流,这就要求枯水期将坝身抢筑到拦洪高程以上,以免水流漫顶,发生事故。对于混凝土坝,特别是混凝土重力坝,由于抗冲能力较强,允许流速达到25 m/s,故不但可以通过底孔泄流,而且可以通过未完建的坝身过水,使导流方案选择的灵活性大大增加。

4.施工期间河流的综合利用

施工期间,为了满足通航、筏运、渔业、供水、灌溉或水电站运转等的要求,使导流问题的解决变得更加复杂。在通航河流上大多采用分段围堰法导流。要求河流在束窄以后,河宽仍能便于船只的通行,水深要与船只吃水深度相适应,束窄断面的最大流速一般不得超过2.0m/s。

对于浮运木筏或散材的河流,在施工导流期间,要避免木材壅塞泄水建筑物或者堵塞束窄河床。在施工中后期,水库拦洪蓄水时,要注意满足下游供水、灌溉用水和水电站运行的要求,有时为了保证渔业的要求,还要修建临时的过鱼设施,以便鱼群能洄游。

影响施工导流方案的因素较多,但要考虑的主要因素是水文条件、地形地质条件和坝型。河谷形状系数在一定程度上综合反映地形地质情况,当该系数小时表明河谷窄深,地质多为岩石。

(三)施工导流的方法

施工导流的方法大体上分为全段围堰法导流(即河床外导流)、分段围堰法导流(即河床内导流)两种方法。

1.全段围堰法导流

全段围堰法导流是在河床主体工程的上、下游各建一道拦河围堰,使上游来水通过预先修筑的临时或永久泄水建筑物(如明渠、隧洞等)泄向下游,主体建筑物在排干的基坑中进行施工,主体工程建成或接近建成时再封堵临时泄水道。全段围堰法导流的优点是工作面大,河床内的建筑物在一次性围堰的围护下建造,若能利用水利枢纽中的永久泄水建筑物导流,可大大节约工程投资。

全段围堰法按泄水建筑物的类型不同可分为明渠导流、隧洞导流、涵管导流、渡槽导流等。

(1)明渠导流。明渠导流是在地面上挖出明渠使河道安全地泄向下游的导流方式,其目的是保证主体建筑物干地施工。当导流量大,地质条件不适于开挖导流隧洞,河床一侧有较宽的台地或古河道,或者施工期需要通航、过木或排冰时,可以考虑采用明渠导流。国内外工程实践证明,在导流方案比较过程中,当明渠导流和隧洞导流均可采用时,一般倾向于明渠导流,这是因为明渠开挖可采用大型设备,加快施工进度,对主体工程提前开工有利。

第一,导流明渠布置。导流明渠布置分岸坡上和滩地上两种布置形式。导流明渠应布置在较宽台地、垭口或古河道一岸;渠身轴线要伸出上、下游围堰外坡脚,水平衔接,与河道主流的交角以30°为宜;为保证水流畅通,明渠转弯半径应大于5倍渠底宽;明渠轴线布置应尽可能缩短明渠长度和避免深挖方。明渠进出口力求不冲、不淤和不产生回流,可通过水力学模型试验调整进出口形状和位置,以达到这一目的;进口高程按截流设计选择,出口高程一般由下游消能设施控制;进出口高程和渠道水流流态应满足施工期通航、过木和排冰要求。在满足上述条件下,尽可能抬高进出口高程,以减少水下开挖量。

第二,明渠封堵。导流明渠结构布置应考虑后期封堵要求。当施工期有通航、过木和排冰任务,明渠较宽时,可在明渠内预设闸门墩,以利于后期封堵。当施工期无通航、过木和排冰任务时,应于明渠通水前,将明渠坝段施工到适当高程,并设置导流底孔和坝面口使二者联合泄流。

(2)隧洞导流。为保证主体建筑物干地施工,采用导流隧洞的方式宣泄天然河道水流的导流方式称为隧洞导流。当河道两岸或一岸地形陡峻、地质条件良好、导流流量不大、坝址河床狭窄时,可考虑采用隧洞导流。

第一,导流隧洞的布置。导流隧洞的布置一般应满足以下条件:①隧洞轴线沿线地质条件良好,足以保证隧洞施工和运行的安全。隧洞轴线宜按直线布置,当有转弯时,转弯半径不小于5倍洞径(或洞宽),转角不宜大于60°,弯道首尾应设直线段,长度不应小于3~5倍的洞径(或洞宽);进出口引渠轴线与河流主流方向夹角宜小于30°;②隧洞间净距、隧洞与永久建筑物间距、洞脸与洞顶围岩厚度均应满足结构和应力要求;③隧洞进出口位置应保证水力学条件良好,并伸出堰外坡脚一定距离,一般距离应大于50m,以满足围堰防冲要求。进口高程多由截流控制,出口高程由下游消能控制,洞底按需要设计成缓坡或急坡,避免成反坡。

第二,隧洞封堵。导流隧洞设计应考虑后期封堵要求,布置封堵闸门门槽及启闭平台设施。有条件者,导流隧洞应与永久隧洞结合,以利于节省投资(如小浪底工程的三条导流隧洞后期将改建为三条孔板消能泄洪洞)。一般高水头枢纽,导流隧洞只可能与永久隧洞部分相结合,中、低水头则有可能全部相结合。

(3)涵管导流。涵管通常布置在河岸岩滩上,其位置在枯水位以上,这样可在枯水期不修围堰或只修一段围堰而先将涵管筑好,然后修上、下游全段围堰,将河水引经涵管下泄。

涵管一般是钢筋混凝土结构。当有永久涵管可以利用或修建隧洞有困难时,采用涵管导流是合理的。在某些情况下,可在建筑物基岩中开挖沟槽,必要时予以衬砌,然后封上混凝土或钢筋混凝土顶盖,形成涵管。利用这种涵管导流往往可以获得经济可靠的效果。涵管的泄水能力较低,因此一般用于导流流量较小的河流上或只用来担负枯水期的导流任务。

为了防止涵管外壁与坝身防渗体之间的渗流,通常在涵管外壁每隔一定距离设置截流环,以延长渗径,降低渗透坡降,减少渗流的破坏作用。此外,必须严格控制涵管外壁防渗体的压实质量。涵管管身的温度缝或沉陷缝中的止水必须认真施工。

2.分段围堰法导流

分段围堰法也可称作分期围堰法,是用围堰将建筑物分段分期围护起来进行施工的方法。

分段就是从空间上将河床围护成若干个干地施工的基坑段进行施工。分期就是从时间上将导流过程划分成阶段。导流的分期数和围堰的分段数并不一定相同,因为在同一导流分期中,建筑物可以在一段围堰内施工,也可以同时在不同段围堰内施工。但是段数分得越多,围堰工程量就越大,施工也越复杂;同样,期数分得越多,工期有可能拖得越长。在通常情况下采用二段二期导流法。

分段围堰法导流一般适用于河床宽阔、流量大、施工期较长的工程,尤其在通航河流和冰凌严重的河流上。这种导流方法的费用较低，国内外一些大、中型水利工程采用较广。分段围堰法导流，前期由束窄的原河道导流，后期可利用事先修建好的泄水道导流，常见泄水道的类型有底孔、坝体缺口等。

(1)底孔导流。利用设置在混凝土坝体中的永久底孔或临时底孔作为泄水道，是二期导流经常采用的方法。导流时让全部或部分导流流量通过底孔宣泄到下游，保证后期工程的施工。临时底孔在工程接近完工或需要蓄水时要加以封堵。

采用临时底孔时，底孔的尺寸、数目和布置要通过相应的水力学计算确定，其中底孔的尺寸在很大程度上取决于导流的任务(过水、过船、过木和过鱼)及水工建筑物结构特点和封堵用闸门设备的类型。底孔的布置要满足截流、围堰工程以及本身封堵的要求。若底坎高程布置较高，截流时落差就大，围堰也高。但封堵时的水头较低，封堵容易。一般底孔的底坎高程应布置在枯水位之下，以保证枯水期泄水。当底孔数目较多时，可把底孔布置在不同高程，封堵时从最低高程的底孔堵起，这样可以减小封堵时所承受的水压力。

底孔导流的优缺点如表 2-9 所示。

表 2-9　底孔导流的优缺点

底孔导流的优点	挡水建筑物上部的施工可以不受水流的干扰，有利于均衡连续施工，这对修建高坝特别有利。若坝体内设有永久底孔可以用来导流时，更为理想
底孔导流的缺点	由于坝体内设置了临时底孔，使钢材用量增加；如果封堵质量不好，会削弱坝体的整体性，有可能漏水；在导流过程中，底孔有被漂浮物堵塞的危险；封堵时由于水头较高，安放闸门及止水等均较困难

(2)坝体缺口导流。在混凝土坝施工过程中，当汛期河水暴涨暴落，其他导流建筑物不足以宣泄全部流量时，为了不影响坝体施工进度，使坝体在涨水时仍能继续施工，可以在未建成的坝体上预留缺口，以便配合其他建筑物宣泄洪峰流量，待洪峰过后，上游水位回落，再继续修筑缺口。所留缺口的宽度和高度取决于导流设计流量、其他建筑物的泄水能力、建筑物的结构特点和施工条件。当采用底坎高程不同的缺口时，为避免高、低缺口单宽流量相差过大，产生高缺口向低缺口的侧向泄流，引起压力分布不均匀，需要适当控制高、低缺口间的高差。根据湖南省柘溪工程的经验，其高差以不超过 4~6m 为宜。

在修建混凝土坝，特别是大体积混凝土坝时，由于这种导流方法比较简单，常被采用。底孔导流和坝体缺口导流一般只适用于混凝土坝，特别是重力式混凝土坝枢纽。至于土石坝或非重力式混凝土坝枢纽，采用分段围堰法导流，常与隧洞导流、明渠导流等河床外导流方式相结合。

(五)导流泄水建筑物的布置

导流建筑物包括泄水建筑物和挡水建筑物。下面着重说明导流泄水建筑物的有关问题。

1.导流隧洞

(1)导流隧洞的布置。导流隧洞的平面布置主要指隧洞路线选择。影响隧洞布置的因素很多,选线时应特别注意地质条件和水力条件。导流隧洞的平面布置一般可参照以下原则:

第一,隧洞轴线沿线地质条件良好,足以保证隧洞施工和运行的安全。应将隧洞布置在完整、新鲜的岩石中,为了防止隧洞沿线可能产生大规模塌方,应避免洞轴线与岩层、断层、破碎带平行,洞轴线与岩石层面的交角最好≥45°。

第二,当河岸弯曲时,隧洞宜布置在凸岸,不仅可以缩短隧洞长度,而且水力条件较好。国内外许多工程均采用这种布置。但是也有个别工程的隧洞位于凹岸,使隧洞进口方向与天然水流方向一致。

第三,对于高流速无压隧洞,应尽量避免转弯。有压隧洞和低流速无压隧洞,如果必须转弯,则转弯半径应大于5倍洞径(或洞宽),转折角应≤60°。在弯道的上下游应设置直线段过渡,直线段长度一般也应大于5倍洞径(或洞宽)。

第四,进出口与河床主流流向的交角不宜过大,否则会造成上游进水条件不佳,下游河道会产生有害的折冲水流与涌浪。进出口引渠轴线与河流主流方向夹角宜小于30°。上游进口处的要求可酌情放宽。

第五,当需要采用两条以上的导流隧洞时,可将它们布置在一岸或两岸。一岸双线隧洞间的岩壁厚度一般大于或等于开挖洞径的2倍。

第六,隧洞进出口距上下游围堰坡脚应有足够的距离,一般要求50 m以上,以满足围堰防冲要求。进口高程多由截流控制,出口高程由下游消能控制,洞底按需要设计成缓坡或急坡,避免成反坡。

(2)导流隧洞断面及进出口高程设计。隧洞断面尺寸的大小取决于设计流量、地质和施工条件,隧洞直径应控制在施工技术和结构安全允许的范围之内,目前国内单洞断面尺寸多在200 m^2以下,单洞泄量不超过2000~2500m^3/s。

隧洞断面形式取决于地质条件、隧洞工作状况(有压或无压)及施工条件,常用断面形式有圆形、马蹄形、方圆形。圆形多用于有压洞,马蹄形多用于地质条件不良的无压洞,方圆形有利于截流和施工。

洞身设计中,糙率 n 值的选择是十分重要的问题,糙率的大小直接影响到断面的大小，而衬砌与否、衬砌的材料和施工质量、开挖的方法和质量则是影响糙率大小的因素。一般混凝土衬砌糙率值为0.014～0.025；不衬砌隧洞的糙率变化较大，光面爆破时为0.025～0.032，一般炮眼爆破时为0.035～0.044。设计时根据具体条件，查阅有关手册，选取设计的糙率值。对重要的导流隧洞工程，应通过水工模型试验验证其糙率的合理性。

导流隧洞设计应考虑后期封堵要求，布置封堵闸门门槽及启闭平台设施。有条件者，导流隧洞应与永久隧洞结合，以节省投资（如小浪底工程的两条导流隧洞，后期将改建为三条孔板消能泄洪洞）。一般高水头枢纽，导流隧洞只可能部分地与永久隧洞相结合，中、低水头枢纽则有可能全部地相结合。

隧洞围岩应保留足够的厚度，并与永久建筑物之间保持足够的施工间距，以避免受到基坑渗水和爆破开挖的影响。进洞处顶部岩层厚度通常为1～3倍隧洞直径。进洞位置也可以通过经济来比较确定。

进出口底部高程应考虑洞内流态、截流、放木等要求。一般出口底部高程与河底齐平或略高，有利于洞内排水和防止淤积影响。对于有压隧洞，底坡在1‰～3‰者居多，这样有利于施工和排水。无压隧洞的底坡主要取决于过流要求。

2.导流明渠

（1）导流明渠布置。导流明渠布置分在岸坡上和滩地上两种布置形式。布置要求如下：

第一，尽量利用有利地形，布置在较宽台地、垭口或片河道一岸，使明渠工程量最小，但伸出上下游围堰外坡脚的水平距离要满足防冲要求，一般为50～100m；尽量避免渠线通过不良地质区段，特别应注意滑坡崩塌体，保证边坡稳定，避免高边坡开挖。在河滩上开挖的明渠，一般需设置外侧墙，其作用与纵向围堰相似。外侧墙必须布置在可靠的地基上，并可能使它直接在干燥的地面上施工。

第二，明渠轴线应顺直，以使渠内水流顺畅平稳，应避免采用S形弯道。明渠进出口应分别与上下游水流相衔接，与河道主流的交角以30°为宜。为保证水流畅通，明渠转弯半径应大于5倍渠底宽。对于软基上的明渠，渠内水面与基坑水面之间最短距离应大于两水面高差的2.5～3.0倍，以免发生渗透破坏。

第三，导流明渠尽可能与永久明渠相结合。当枢纽中的混凝土建筑物采用岸边式布置时，导流明渠常与电站引水渠和尾水渠相结合。

第四，必须考虑使用明渠挖方。国外一些大型导流明渠，出渣料均用于填筑土石坝，如巴基斯坦的塔贝拉导流明渠等。

第五，防冲问题。在良好岩石中开挖出的明渠，可能无须衬砌，但应尽量减小糙率。软基上的明渠应有可靠的衬砌防冲措施。有时为了尽量利用较小的过水断面而增大泄流能力，即使是岩基上的明渠，也用混凝土衬砌。出口消能问题也应受到特别重视。

第六，在明渠设计中，应考虑封堵措施。因明渠施工时是在干地上的，同时布置闸墩，方便导流结束时采用下闸封堵方式。国内个别工程对此考虑不周，不仅增加了封堵的难度，而且拖延了工期，影响整个枢纽按时发挥效益，应引以为戒。

（2）明渠进出口位置和高程的确定。进口高程按截流设计选择，出口高程一般由下游消能控制，进出口高程和渠道水流流态应满足施工期通航、过木和排冰要求。在满足上述条件下，尽可能抬高进、出口高程，以减少水下开挖量。其目的在于力求明渠进出口不冲不淤和不产生回流，还可通过水力学模型试验调整进出口形状和位置。

（3）导流明渠断面设计。明渠断面尺寸由设计导流流量控制，并受地形地质和允许抗冲流速影响，应按不同的明渠断面尺寸与围堰的组合，通过综合分析确定。明渠断面一般设计成梯形；当渠底为坚硬基岩时，可设计成矩形。有时为满足截流和通航目的，也可设计成复式梯形断面。

明渠糙率大小直接影响明渠的泄水能力，而影响糙率大小的因素有衬砌的材料、开挖的方法、渠底的平整度等，可根据具体情况查阅有关手册确定，对大型明渠工程，应通过模型试验选取糙率。

3.导流底孔及坝体缺口

（1）导流底孔。早期工程的底孔通常布置在每个坝段内，称跨中布置。例如，三门峡工程，在一个坝段内布置两个宽 3 m、高 8 m 的方形底孔。新安江在一个坝段内布置一个宽 10 m、高 13 m 的门洞形底孔，进口处加设中墩，以减轻封堵闸门重量。另外，国内从柘溪工程开始，相继在凤滩、白山工程中采用骑缝布置（也称跨缝布置），孔口高宽比愈来愈大，钢筋耗用率显著减少。白山导流底孔为满足排冰需要，进口不加中墩，且进口处孔高达 21m（孔宽 9m），设计成自动满管流进口。国外也有些工程采用骑缝布置，如非洲的卡里巴、苏联的克拉斯诺亚尔斯克等。巴西的伊泰普工程则采用跨中与骑缝相间的混合布置，孔口宽 6.7m、高 22m。导流底孔高程一般比最低下游水位低一些，主要根据通航、过木及截流要求，通过水力计算确定。若为封闭式框架结构，则需要结合基岩开挖高程和框架底板所需厚度综合确定。

（2）坝体预留缺口。缺口宽度与高程主要由水力计算确定。如果缺口位于底孔之上，孔顶板厚度应大于 3m。各坝块的预留缺口高程可以不同，但缺口高差一般以控制在 4～6m 为宜。当坝体采用纵缝分块浇筑法，未进行接缝灌浆过水，且流量大、水头高时，则应校核单个坝块的稳定。在轻型坝上采用缺口泄洪时，应校核支墩的侧向稳定。

4.导流涵管

对导流涵管的水力学问题，如管线布置、进口体形、出口消能等问题的考虑，均与导流底孔和隧洞相似。但是,涵管与底孔也有很大的不同,涵管被压在土石坝体下面,若因布置不妥或结构处理不善,可能造成管道开裂、渗漏,导致土石坝失事。所以,在布置涵管时,还应注意以下几个问题:

第一,应使涵管坐落在基岩上。若有可能,宜将涵管嵌入新鲜基岩中。大、中型涵管应有一半高度埋入为宜。有些中、小型工程,可先在基岩中开挖明渠,顶部加上盖板形成涵管。苏联的谢列布良电站,其涵管是在岩基中开挖出来的,枯水流量通过涵管下泄,第一次洪水导流是同时利用涵管和管顶明渠下泄,当管顶明渠被土石坝拦堵后,下一次洪水则仅由涵管宣泄。

第二,涵管外壁与大坝防渗土料接触部位应设置截流环,以延长渗径,防止接触渗透破坏。环间距一般可取 10~20 m,环高 1~2 m,厚 0.5~0.8 m。

第三,大型涵管断面也常用方圆形。如果上部土荷载较大,顶拱应采用抛物线形。

二、水利建设的截流施工

在施工导流中,只有截断原河床水流(简称截流),把河水引向导流泄水建筑物下泄,才能在河床中全面开展主体建筑物的施工。截流过程一般为:先在河床的一侧或两侧向河床中填筑截流戗堤,逐步缩窄河床,称为进占。戗堤进占到一定程度,河床束窄,形成流速较大的过水缺口叫龙口。封堵龙口的工作叫合龙。合龙以后,龙口段及戗堤本身仍然漏水,必须在戗堤全线设置防渗措施,这一工作叫闭气。所以,整个截流过程包括戗堤进占、龙口裹头及护底、合龙、闭气等四项工作。截流后,对戗堤进一步加高培厚,修筑成设计围堰。

截流在施工导流中占有重要的地位,如果截流不能按时完成(截流失败,失去了以水文年计算的良好截流时机),就会延误相关建筑物的开工日期,甚至可能拖延工期一年。截流本身在技术上和施工组织上都具有相当大的艰巨性和复杂性。为了截流成功,必须充分掌握河流的水文、地形、地质等条件,掌握截流过程中水流的变化规律及其影响,做好周密的施工组织,在狭小的工作面上用较大的施工强度,在较短的时间内完成截流。因此,在施工导流中,截流被认为是一项关键性的工作,是影响施工进度的一个控制项目。

(一)截流的方法

河道截流有立堵法、平堵法、立平堵法、平立堵法、下闸截流及定向爆破截流等多种方法,但基本方法为立堵法和平堵法两种。

1.立堵法

立堵法截流是将截流材料从一侧戗堤或两侧戗堤向中间抛投进占,逐渐束窄河床,直至全部拦断。

立堵法截流不须架设浮桥，准备工作比较简单，造价较低。但截流时水力条件较为不利，龙口单宽流量较大，流速也较大，易造成河床冲刷，须抛投单个质量较大的截流材料。由于工作前线狭窄，抛投强度受到限制。立堵法截流适用于大流量、岩基或覆盖层较薄的岩基河床，对于软基河床，应采取护底措施后才能使用。

2.平堵法

平堵法截流是沿整个龙口宽度全线抛投截流材料，抛投料堆筑体全面上升，直至露出水面。所以，合龙前必须在龙口架设浮桥，由于它是沿龙口全宽均匀地抛投，所以其单宽流量小，流速也较小，需要的单个材料的质量也较轻。

沿龙口全宽同时抛投强度较大，施工速度快，但通航困难，适用于软基河床，河流架桥方便且对通航影响不大的河流。

3.综合法

(1)立平堵。为了既发挥平堵水力条件较好的优点，又降低架桥的费用，有的工程采用先立堵、后在栈桥上平堵的方法。

(2)平立堵。对于软基河床，单纯立堵易造成河床冲刷，可采用先平抛护底，再立堵合龙。平抛多利用驳船进行。我国青铜峡、丹江口、大化及葛洲坝和三峡工程在二期大江截流时均采用了该方法，取得了满意的效果。由于护底均为局部性，故这类工程本质上属于立堵法截流。

(二)截流日期及截流设计流量确定

截流年份应结合施工进度的安排来确定。截流年份内截流时段的选择，不仅要把握截流时机，选择在枯水流量、风险较小的时段进行；还要为后续的基坑工作和主体建筑物施工留有余地，不致影响整个工程的施工进度。在确定截流时段时，应符合下列要求。

(1)截流以后，需要继续加高围堰，完成排水、清基、基础处理等大量基坑工作，并应把围堰或永久建筑物在汛期到来前抢修到一定高程以上。为了保证这些工作的完成，截流时段应尽量提前。

(2)在通航的河流上进行截流，截流时段最好选择在对航运影响较小的时段内。因为截流过程中，航运必须停止，即使船闸已经修好，但因截流时水位变化较大，亦须停航。

(3)在北方有冰凌的河流上，截流不应在流冰期进行。因为冰凌很容易堵塞河道或导流泄水建筑物，壅高上游水位，给截流带来极大困难。

综上所述，截流时间应根据河流水文特征、气候条件、围堰施工及通航过木等因素综合分析确定。一般多选在枯水期初，流量已有显著下降的时候。严寒地区应避开河道流冰和封冻期。

截流设计流量是指某一确定的截流时间的截流设计流量。一般按频率法确定,根据已选定的截流时段,采用该时段内一定频率的流量作为设计流量,截流设计标准一般可采用截流时段重现期5~10年的月或旬平均流量。除频率法外,也有不少工程采用实测资料分析法。当水文资料系列较长,河道水文特性稳定时,可应用这种方法。

在大型工程截流设计中,通常多以选取一个流量为主,再考虑较大、较小流量出现的可能性,用几个流量进行截流计算和模型试验研究。对于有深槽和浅滩的河道,若分流建筑物布置在浅滩上,对截流的不利条件要特别进行研究。

(三)龙口位置和宽度的选择

龙口位置的选择对截流工作顺利与否有密切关系。一般说来,龙口附近应有较宽阔的场地,以便布置截流运输线路和制作、堆放截流材料。它要设置在河床主流部位,方向力求与主流垂直,并选择在耐冲河床上,以免截流时因流速增大,引起过分冲刷。

原则上龙口宽度应尽可能窄些,这样可以减少合龙工程量,缩短截流延续时间,但应以不引起龙口及其下游河床的冲刷为限。

三、施工排水

在围堰合龙闭气以后,就要考虑排除基坑内的积水,以保持基坑基本干燥状态,利于基坑开挖、地基处理及建筑物的正常施工。

基坑排水工作按照排水时间及性质,一般可分为:①基坑开挖前的初期排水;②基坑开挖及建筑物施工过程中的经常性排水,包括围堰和基坑渗水、降水以及施工弃水量的排除。

按照排水方法不同,有明式排水和人工降低地下水位两种。

(一)明式排水

1.初期排水

初期排水主要包括基坑积水和围堰与基坑渗水两大部分。因为初期排水是在围堰或截流戗堤合龙闭气后立即进行的,枯水期的降雨量很少,一般可不予考虑。除积水和渗水外,有时还需考虑填方和基础中的饱和水。

通常情况下,当填方和覆盖层的体积不太大时,在初期排水且基础覆盖层还没有开挖时,可以不必计算饱和水总水量。如果需计算,可按基坑内覆盖层总体积和孔隙率估算饱和水总水量。

在初期排水过程中,可以通过试抽法进行校核和调整,并为经常性排水计算积累一些必要资料。试抽时如果水位下降很快,则显然是所选择的排水设备容量过大,此时应关闭一部分排水设备,使水位下降速度符合设计规定。试抽时若水位不变,则显然是设备容量过小或有较大渗漏通道存在。此时,应增加排水设备容量或找出渗漏通道予以堵塞,然后进行抽水。还有一种情况是水位降至一定深度后就不再下降,这说明此时排水流量与渗流量相等,据此可估算出需增加的设备容量。

2.基坑排水

基坑排水需要考虑基坑开挖过程中和开挖完成后修建建筑物时的排水系统布置,使排水系统尽可能不影响施工。

基坑开挖过程中的排水系统应以不妨碍开挖和运输工作为原则。一般常将排水干沟布置在基坑中部,以利于两侧出土。随基坑开挖工作的进展,逐渐加深排水干沟和支沟。通常保持干沟深度为1~1.5m,支沟深度为0.3~0.5m。集水井多布置在建筑物轮廓线外侧,井底应低于干沟沟底。但是,由于基坑坑底高程不一,有的工程就采用层层设截流沟、分级抽水的办法,即在不同高程上分别布置截水沟、集水井和水泵站,进行分级抽水。

建筑物施工时的排水系统通常都布置在基坑四周。排水沟应布置在建筑物轮廓线外侧,且距离基坑边坡坡脚不少于0.3~0.5m。排水沟的断面尺寸和底坡大小取决于排水量的大小,一般排水沟底宽不小于0.3m,沟深不大于1.0m,底坡不小于0.002。在密实土层中,排水沟可以不用支撑,但在松散土层中,则须用木板或麻袋装石来加固。

为防止降雨时地面径流进入基坑而增加抽水量,通常在基坑外缘边坡上挖截水沟,以拦截地面水。截水沟的断面及底坡应根据流量和土质而定,一般沟宽和沟深不小于0.5m,底坡不小于0.002,基坑外地面排水系统最好与道路排水系统相结合,以便自流排水。为了降低排水费用,当基坑渗水水质符合饮用水或其他施工用水要求时,可将基坑排水与生活、施工供水相结合。

3.经常性排水

经常性排水的排水量主要包括围堰和基坑的渗水、降雨、地基岩石冲洗及混凝土养护用废水等。设计中一般考虑两种不同的组合,从中选择较大者,以选择排水设备。一种组合是渗水加降雨,另一种组合是渗水加施工废水。降雨和施工废水不必组合在一起,这是因为二者不会同时出现。

(1)降雨量的确定。在基坑排水设计中,对降雨量的确定尚无统一的标准。大型工程可采用20年一遇3d降雨中最大的连续6h雨量,再减去估计的径流损失值(1mm/h),作为降雨强度;也有的工程采用日最大降雨强度,基坑内的降雨量可根据上述计算降雨强度和基坑集雨面积求得。

(2)施工废水。施工废水主要考虑混凝土养护用水,其用水量估算应根据气温条件和混凝土养护的要求而定。一般初估时可按每立方米混凝土每次用水5L,每天养护8次计算。

(3)渗透流量计算。通常,基坑渗透总量包括围堰渗透量和基础渗透量两大部分。

(二)人工降低地下水位

在经常性排水过程中,为了使基坑开挖工作始终保持在干燥的地面上进行,常常要多次降低排水沟和集水井的高程,变换水泵站的位置,影响开挖工作的正常进行。

除此之外,在开挖细砂土、砂壤土一类地基时,随着基坑底面的下降,坑底与地下水位的高差愈来愈大,在地下水渗透压力作用下,容易产生边坡脱滑、坑底隆起等事故,甚至危及临近建筑物的安全,给开挖工作带来不良影响。

采用人工降低地下水位,可以改变基坑内的施工条件,防止流沙现象的发生,基坑边坡可以陡些,从而可以大大减少挖方量。人工降低地下水位的基本做法是:在基坑周围钻设一些井,地下水渗入井中后,随即被抽走,使地下水位线降到开挖的基坑底面以下,一般应使地下水位降到基坑底部0.5~1.0。

人工降低地下水位的方法按排水工作原理可分为管井法和井点法两种。管井法是单纯重力作用排水;井点法还附有真空或电渗排水的作用。

1.管井法

当采用管井法降低地下水位时,在基坑周围布置一系列管井,并将水泵的吸水管放入管井中,地下水在重力作用下流入井中,被水泵抽走。

管井法降低地下水位时,须先设置管井,管井通常由下沉钢井管制成,在缺乏钢管时也可用木管或预制混凝土管代替。井管的下部安装滤水管节(滤头),有时在井管外还需设置反滤层,地下水从滤水管进入井内,水中的泥沙则沉淀在沉淀管中。滤水管是井管的重要组成部分,其构造对井的出水量和可靠性影响很大。要求它过水能力大,进入的泥沙少,有足够的强度和耐久性。

可采用射水法、振动射水法及钻孔法进行井管埋设。射水下沉时,先用高压水冲土下沉套管,较深时可配合振动或锤击(振动水冲法),然后在套管中插入井管,最后在套管与井管的间隙中间填反滤层和拔套管,反滤层每填高一次便拔一次套管,逐层上拔,直至完成。

2.井点法

井点法降低地下水位和管井法不同,它把井管和水泵的吸水管合二为一,简化了井的构造。井点法降低地下水位的设备,根据其降深能力分轻型井点(浅井点)和深井点等。

其中最常用的是轻型井点,轻型井点是由井管、集水总管、普通离心式水泵、真空泵和集水箱等设备所组成的一个排水系统。

轻型井点系统中地下水从井管下端的滤水管借真空泵和水泵的抽吸作用流入管内,沿井管上升汇入集水总管,流入集水箱,由水泵排出。轻型井点系统开始工作时,先开动真空泵,排除系统内的空气,待集水井内的水面上升到一定高度后,再启动水泵排水。水泵开始抽水后,为了保持系统内的真空度,仍需真空泵配合水泵工作。这种井点系统也叫真空井点。井点系统排水时,地下水位的下降深度取决于集水箱内的真空度与管路的漏气和水位损失。一般集水箱内真空度为80kPa(400~600mmHg),相当于吸水高度为5~8m,扣除各种损失后,地下水位的下降深度为4~5m。

当要求地下水位降低的深度超过4~5m时,可以像管井一样分层布置井点,每层控制范围3~4m,但以不超过3层为宜。分层太多,基坑范围内管路纵横,妨碍交通。影响施工,同时也增加挖方量,而且当上层井点发生故障时,下层水泵能力有限,地下水位回升,基坑有被淹没的可能。

布置井点系统时,为了充分发挥设备能力,集水总管、集水管和水泵应尽量接近天然地下水位。当需要几套设备同时工作时,各套总管之间最好接通,并安装开关,以便相互支援。井管的安设一般用射水法下沉。距孔口1.0m范围内,应用黏土封口,以防漏气。排水工作完成后,可利用杠杆将井管拔出。深井点与轻型井点不同,它的每一根井管上都装有扬水器(水力扬水器或压气扬水器),所以它不受吸水高度的限制,有较大的降深能力。

深井点有喷射井点和压气扬水井点两种:

(1)喷射井点由集水池、高压水泵、输水干管和喷射井管等组成。通常一台高压水泵能为30~35个井点服务,其最适宜的降水位范围为5~18m。喷射井点的排水效率不高,一般用于渗透系数为3~50 m/d、渗流量不大的场合。

(2)压气扬水井点是用压气扬水器进行排水。排水时压缩空气由输气管送来,由喷气装置进入扬水管,于是管内容重较轻的水气混合液在管外水压力的作用下,沿水管上升到地面排走。为达到一定的扬水高度,就必须将扬水管沉入井中有足够的潜没深度,使扬水管内外有足够的压力差。压气扬水井点降低地下水位最大可达40m。

第四节　水利建设土石坝与水闸工程

一、水利建设中的土石坝工程

土石坝是指用当地的散粒土、石料或混合料，经过抛填、碾压等方法堆筑成的挡水坝。坝体材料以土和砂砾为主时称为土坝，以石渣、卵石、爆破石料为主时称为石坝。土石坝是历史最为悠久、最为古老的一种坝型。水利工程中，拦水坝多数为土石坝。

土石坝可以充分利用当地的材料，几乎所有的土料，只要不含大量的有机物和水溶性盐类，都可用于土石坝。它有利于群众性施工，将重型振动碾应用于石堆的压实，解决了混凝土面板漏水的问题，大型施工机械的广泛应用，使施工人数减少，工期缩短，使得土石坝成为最广泛应用和发展的坝型。

土石坝工程的基本施工过程是开采、运输和压实。

（一）坝料规划

1.空间规划

空间规划是指对料场的空间位置、高程做出恰当选择和合理布置。为加快运输速度，提高效率，土石料的运距要尽可能短些①。高程要利于重车下坡，避免因料场的位置高，运输坡陡而引起事故。坝的上下游和左右岸都有料场，这样可以上下游和左右岸同时采料，减少施工干扰，保证坝体均衡上升。料场位置要有利于开采设备的放置，保证车辆运输的通畅及地表水和地下水的排水通畅。取料时离建筑物的轮廓线不要太近，不影响枢纽建筑物防渗。在石料场选取时还要与重要建筑物和居民区有一定的防爆、防震安全距离，以减少安全隐患。

2.时间规划

时间规划是指施工时要考虑施工强度和坝体填筑部位的变化，季节对坝前蓄水能力的变化等。先用近料和上游易淹的坝料，后用远料和下游不易淹的坝料。在上坝强度高时用运距近、开采条件好的料场，上坝强度低时用运距远的料场。旱季时要选用含水量大的料场，雨季时要选用含水量小的料场。为满足拦洪度汛和筑坝合龙时大量用料的要求，在料场规划时还要在近处留有大坝合龙用料。

---

①郭秦渭，韩春秀，裴利剑.水工建筑物[M].重庆：重庆大学出版社，2014.

3.质与量规划

质与量规划是指对料场的质量和储料量的合理规划。它是料场规划的最基本的要求,在选择和规划料场时,要对料场进行全面的勘测,包括料场的地质成因、产状、埋藏深度、储量和各种物理力学指标等。料场的总储量要满足坝体总方量的要求,并且用料要满足各阶段施工中的最大用料强度要求。勘探精度要随设计深度的加深而提高。

充分利用建筑物基础开挖时的废弃材料,减少往外运输的工作量和运输干扰,减少废弃材料堆放场地。

考虑废弃材料的出料、堆料、弃放的位置,避免施工干扰,加快开采和运输的速度。规划时除考虑主料场外,还应考虑备用料场。主料场一般要质量好、储量大,比需要的总方量多1~1.5倍,运距近,有利于常年开采;备用料场要在淹没范围以外,当主料场被淹没或由于其他原因中断使用时,使用备用料场,备用料场的储藏量应为主料场总储藏量的20%~30%。

(二)土料防渗体坝

坝面填筑有铺料、压实、取样检查三道基本工序,对不同的土石料根据强度、级配、湿陷程度不同还有其他处理。

1.铺料

坝基经处理合格后或下层填筑面经压实合格后,即可开始铺料。铺料包括卸料和平料,两道工序相互衔接,紧密配合完成。选择铺料方法主要与上坝运输方法、卸料方式和坝料的类型有关。

(1)自卸汽车卸料、推土机平料。铺料的基本方法有进占法、后退法和混合法三种。

堆石料一般采用进占法铺料,堆石强度为60~80 MPa的中等硬度岩石,施工可操作性好。对于特硬岩(强度>200 MPa),由于岩块边棱锋利,施工机械的轮胎、链轨损坏严重,同时因硬岩堆石料往往级配不良,表面不平整影响振动碾压实质量,所以施工中要采取一定的措施,如在铺层表面增铺一薄层细料,以改善平整度。

级配较好的(如强度30 MPa以下的)软岩堆石料、砂砾(卵)石料等,宜用后退法铺料,以减少分离,有利于提高密度。

无论采用何种铺料方法,卸料时都要控制好料堆分布密度,以便其摊铺后厚度符合设计要求,不要因过厚而不予处理。尤其是以后退法铺料时更须注意。

(2)移动式皮带机上坝卸料、推土机平料。皮带机上坝卸料适用于黏性土、砂砾料和砾质土。利用皮带机直接上坝,配合推土机平料,或配合铲运机运料和平料,其优点是不需专门道路,但随着坝体升高需要经常移动皮带机。为防止粗细颗粒分离,推土机采用分层平料，每次铺层厚度为要求的 1/3~1/2，推距最好在 20m 左右，最大不超过 50m。

(3)铲运机上坝卸料和平料。铲运机是一种能综合完成挖、装、运、卸、平料等工序的施工机械，当料场位于距大坝 800~1500m，散料距离在 300~600m 时，是经济有效的。铲运机铺料时，平行于坝轴线依次卸料，从填筑面边缘逐行向内铺料，空机从压实合格面上返回取土区。铺到填筑面中心线(约一半宽度)后，铲运机反向运行，接续已铺土料逐行向填筑面的另一半的外缘铺料，空机从刚铺填好的松土层上返回取土区。

2.压实

(1)非黏性土的压实。非黏性土透水料和半透水料的主要压实机械有振动平碾、气胎碾等。

振动平碾适用于堆石与含有漂石的砂卵石、砂砾石和砾质土的压实。振动碾压实功能大，碾压遍数少(4~8 遍)，压实效果好，生产效率高，应优先选用。气胎碾可用于压实砂、砂砾料、砾质土。

除坝面特殊部位外，碾压方向应沿轴线方向进行。一般均采用进退错距法作业。在碾压遍数较少时，也可采用一次压够后再行错车的方法，即搭接法。铺料厚度、碾压遍数、加水量、振动碾的行驶速度、振动频率和振幅等主要施工参数要严格控制。分段碾压时，相邻两段交接带的碾迹应彼此搭接，垂直碾压方向，搭接宽度应不小于 0.3~0.5m，顺碾压方向应不小于 1.0~1.5m。

适当加水能提高堆石、砂砾石料的压实效果，减少后期沉降量。但大量加水需增加工序和设施，影响填筑进度。堆石料加水的主要作用，除在颗粒间起润滑作用以便压实外，更重要的是软化石块接触点，压实中搓磨石块尖角和边棱，使堆石体更为密实，以减少坝体后期沉降量。砂砾料在洒水充分饱和条件下，才能达到有效的压实。

堆石、砂砾料的加水量一般依其岩性、细粒含量而异。对于软化系数大、吸水率低(饱和吸水率小于 2%)的硬岩，加水效果不明显，可经对比试验决定是否加水。对于软岩及风化岩石，其填筑含水量必须大于湿陷含水量，最好充分加水，但应视其当时含水量而定。

对砂砾料或细料较多的堆石，宜在碾压前洒水一次，然后边加水、边碾压，力求加水均匀。对含细粒较少的大块堆石，宜在碾压前洒水一次，以冲掉填料层面上的细粒料，改善层间结合。但碾压前洒水，大块石裸露会给振动碾碾压带来不利。对软岩堆石，由于振动碾碾压后表面产生一层岩粉，碾压后也应洒水，尽量冲掉表面岩粉，以利层间结合。

当加水碾压将引起泥化现象时，其加水量应通过试验确定。堆石加水量依其岩性、风化程度而异，一般为填筑量的 10%~25%；砂砾料的加水量宜为填筑量的 10%~20%；对粒径小于 5 mm 含量大于 30%及含泥量大于 5%的砂砾石，其加水量宜通过试验确定。

(2)黏性土的压实。黏土心墙料压实机械主要用凸块振动碾，也有采用气胎碾的。

第一,压实方法。碾压机械压实方法均采用进退错距法,要求的碾压遍数很少时,可采用一次压够遍数、再错距的方法。分段碾压的碾迹搭接宽度:垂直碾压方向的不小于0.3~0.5m,顺延碾压方向的应为1.0~1.5m。碾压方向应沿坝轴方向进行。在特殊部位,如防渗体截水槽内或与岸坡结合处,应用专用设备在划定范围沿接坡方向碾压,碾压行车速度一般取2~3km/h。

第二,土料含水量调整。土料含水量调整应在料场进行,仅在特殊情况下可考虑在坝面做少许调整。

(3)填土层结合面处理。当使用平碾、气胎碾及轮胎牵引凸块碾等机械碾压时,在坝面将形成光滑的表面。为保证土层之间结合良好,对于中、高坝黏土心墙或窄心墙,铺土前必须将已压实合格面洒水湿润并刨毛深1~2cm。对于低坝,经试验论证后可以不刨毛,但仍须洒水湿润,严禁在表土干燥状态下在其上铺填新土。

3.结合部位处理

(1)非黏性土结合部位处理。非黏性土结合部位处理包括坝壳与岸坡结合部位的施工以及坝壳填料接缝处理。

第一,坝壳与岸坡结合部位的施工。坝壳与岸坡或混凝土建筑物结合部位施工时,汽车卸料及推土机平料易出现大块石集中、架空现象,且局部碾压机械不易碾压。该部位宜采取如下措施:与岸坡结合处2m宽范围内,可沿岸坡方向碾压。不易压实的边角部位应减薄铺料厚度,用轻型振动碾或平板振动器等压实机具压实。在结合部位可先填1~2m宽的过渡料,再填堆石料。在结合部位铺料后出现的大块石集中、架空处,应予以换填。

第二,坝壳填料接缝处理。坝壳分期分段填筑时,在坝壳内部形成了横向或纵向接缝。由于接缝处坡面临空,压实机械作业距坡面边缘留有0.5~1.0m的安全距离,坡面上存在一定厚度的松散或半压实料层。

(2)黏性土结合部位处理。黏土防渗体与坝基(包括齿槽)、两岸岸坡、溢洪道边墙、坝下埋管及混凝土墙等结合部位的填筑,须采用专用机具、专门工艺进行施工,确保填筑质量。

第一,截水槽回填。当槽内填土厚度在0.5m以内时,可采用轻型机具(如蛙式夯等)薄层压实;当填土厚度超过0.5m时,可采用压实试验选定的压实机具和压实参数压实。基槽处理完成后,排除渗水,从低洼处开始填土。不得在有水情况下填筑。

第二,铺盖填筑。铺盖在坝体内与心墙或斜墙连接部分,应与心墙或斜墙同时填筑,坝外铺盖的填筑,应于库内充水前完成。铺盖完成后,应及时铺设保护层。已建成的铺盖上不允许进行打桩、挖坑等作业。

第三,黏土心墙与坝基结合部位填筑。无黏性土坝基铺土前,坝基应洒水压实,然后按设计要求回填反滤料和第一层土料。铺土厚度可适当减薄，土料含水量调节至施工含水量上限，宜用轻型压实机具压实。黏性土或砾质土坝基，应将表面含水量调至施工含水量上限，用与黏土心墙相同的压实参数压实，然后洒水刨毛铺填新土。坚硬岩基或混凝土盖板上，开始几层填料可用轻型碾压机具直接压实，填筑至少 0.5m 以上后才允许用凸块碾或重型气胎碾碾压。

第四，黏土心墙与岸坡或混凝土建筑物结合部位填筑。①填土前，必须清除混凝土表面或岩面上的杂物。在混凝土或岩面上填土时，应洒水湿润，并边涂刷浓泥浆、边铺土、边夯实，泥浆涂刷高度须与铺土厚度一致，并应与下部涂层衔接，严禁泥浆干后再铺土和压实。②裂隙岩面处填土时，应按设计要求对岩面进行妥善处理，再按先洒水，后边涂刷浓水泥黏土浆或水泥砂浆、边铺土、边压实（砂浆初凝前必须碾压完毕）程序进行。涂层厚度可为 5~10mm。③黏土心墙与岸坡结合部位的填土，其含水量应调至施工含水量上限，选用轻型碾压机具薄层压实，不得使用凸块碾压实，黏土心墙与结合带碾压搭接宽度不应小于 1.0m。局部碾压不到的边角部位可使用小型机具压实。④混凝土墙、坝下埋管两侧及顶部 0.5m 范围内填土，必须用小型机具压实，其两侧填土应保持均衡上升。⑤岸坡、混凝土建筑物与砾质土、掺和土结合处，应填筑宽 1~2m 的塑性较高的黏土（黏粒含量和含水量都偏高）过渡，避免直接接触。⑥应注意因岸坡过缓，结合处碾压造成因侧向位移出现的土料“爬坡、脱空”现象，应采取防范措施。

第五，填土接缝处理要求。斜墙和窄心墙内一般不应留有纵向接缝。均质土坝可设置纵向接缝，宜采用不同高度的斜坡与平台相间形式，平台间高差不宜大于 15m。坝体接缝坡面可使用推土机自上而下削坡，适当留有保护层随坝体填筑上升，逐层清至合格层。结合面削坡合格后，要控制其含水量为施工含水量范围的上限。

（三）砌石坝施工

砌石坝坝体结构简单，施工方便，可就地取材，工程量较小；坝顶可以溢流，施工导流和度汛问题容易解决，导流费用低，故在中、小型工程中常见此坝型。砌石坝施工程序为：坝基开挖与处理，石料开采、储存与上坝，胶凝材料的制备与运输，坝体砌筑，施工质量检查和控制。

1.筑坝材料

（1）石料开采、储存与上坝。砌石坝所采用的石料有细料石、粗料石、块石和片石。细料石主要用作坝面石、拱石及栏杆石等，粗料石多用于浆砌石坝，块石用于砌筑重力坝内部，片石则用于填塞空隙。石料必须质地坚硬、新鲜，不得有剥落层或裂纹。坝址附近应设置储料场，必须对料场位置、石料储量、运距和道路布置做全面规划。在中、小型工程中,主要靠人工进行石料及胶结材料的上坝运输。坝面过高,则使用常用设备运输上坝,如简易缆式起重机、塔式起重机、钢井架提升塔、卷扬道、履带式起重机等。

(2)胶结材料制备。砌石坝的胶结材料主要有水泥砂浆和一、二级配混凝土。胶结材料应具有良好的和易性,以保证砌体质量和砌筑工效。

第一,水泥砂浆。水泥砂浆由水泥、砂、水按一定比例配合而成。水泥砂浆常用的强度等级为 M5.0、M7.5、M10.0、M12.5 四种。对于较高或较重要的浆砌石坝,水泥砂浆的配比应通过试验确定。

第二,细石混凝土。混凝土由水泥、水、砂和石子按一定比例配合而成。细石多采用 5~20mm和 20~40mm 二级配,配比大致为 1∶1,也可根据料源及试验情况确定。混凝土常用的强度等级分为 10.0MPa、15.0MPa、20.0MPa 三种。为改善胶结材料的性能、降低水泥用量,允许在胶结材料中掺入适量掺和料或外加剂,但必须通过试验确定其最优掺量。

2.坝体砌筑

坝基开挖与处理结束,经验收合格后,进行坝体砌筑。块石砌筑是砌石坝施工的关键工作,砌筑质量直接影响坝体的整体强度和防渗效果,故应根据不同坝型,合理选择砌筑方法,严格控制施工工艺。

(1)拱坝的砌筑。拱坝砌筑应遵循以下步骤:

第一,全拱逐层全断面均匀上升砌筑。这种方法是沿坝体全长砌筑,每层面石、腹石同时砌筑,逐层上升。一般采用一顺一丁砌筑法或一顺二丁砌筑法。

第二,全拱逐层上升,面石、腹石分开砌筑。即沿拱圈全长逐层上升,先砌面石,再砌腹石。该方法用于拱圈断面大、坝体较高的拱坝。

第三,全拱逐层上升,面石内填混凝土。即沿拱圈全长先砌内外拱圈面石,形成厢槽,再在槽内浇筑混凝土。这种方法用于拱圈较薄、混凝土防渗体设在中间的拱坝。

第四,分段砌筑,逐层上升。即将拱圈分成若干段,每段先砌四周面石,然后砌筑腹石,逐层上升。这种方法的优点是便于劳动组合,适用于跨度较大的拱坝,但增加了径向通缝。

(2)重力坝的砌筑。重力坝砌筑工作面开阔,通常采用沿坝体全长逐层砌筑、不分段的施工方法。但当坝轴线较长、地基不均匀时,也可根据情况进行分段砌筑,每个施工段逐层均匀上升。若不能保证均匀上升,则要求相邻砌筑面高差不大于 1.5m,并做成台阶形连接。重力坝砌筑多用上下层错缝,水平通缝法施工。为了减少水平渗漏,可在坝体中间砌筑一水平错缝段。

3.施工质量检查与控制

砌石工程施工应符合《浆砌石坝施工技术规定》(SD 120—84),检查项目包括原材料、半成品及砌体的质量检查。

(1)浆砌石体的质量检查。砌石工程在施工过程中,要对砌体进行抽样检查。常规的检查项目及检查方法有下列几种:

第一,浆砌石体表观密度检查。浆砌石体的表观密度检查是质量检查中比较关键的地方。浆砌石体表观密度检查有试坑灌砂法与试坑灌水法两种。以灌砂、灌水的手段测定试坑的体积,并根据试坑挖出的浆砌石体各种材料质量,计算出浆砌石体的单位质量。

第二,胶结材料的检查。砌石所用的胶结材料应检查其拌和均匀情况,并取样检查其强度。

第三,砌体密实性检查。砌体的密实性是反映砌体砌缝与饱满的程度、衡量砌体砌筑质量的一个重要指标。砌体的密实性以其单位吸水量表示。其值愈小,砌体的密实性愈好。单位吸水量用压水试验进行测定。

(2)砌筑质量的简易检查。砌筑质量的简易检查包括以下三个方面:

第一,在砌筑过程中翻撬检查。对已砌砌体抽样翻起,检查砌体是否符合砌筑工艺要求。

第二,钢钎插扎注水检查。竖向砌缝中的胶结材料初凝后至终凝前,以钢钎沿竖缝插孔,待孔眼成型稳定后向孔中注入清水,观察 5~10min,若水面无明显变化,说明砌缝饱满密实;若水迅速漏失,说明砌体不密实。

第三,外观检查。砌体应稳定,灰缝应饱满,无通缝;砌体表面应平整,尺寸符合设计要求。

二、水利建设中的水闸工程

水闸施工包括上游连接段、闸墩和岸墙、下游连接段和上下游翼墙及护岸。地基多为软土地基,基础处理较难,开挖时施工排水困难。拦河闸施工导流较困难。

水闸施工前,应具备按基建程序审查批准的设计文件和满足施工需要的图纸及技术资料,研究并编制施工措施设计。遇到松软地基、复杂的施工导流、特大构件的制作与安装、混凝土温控等重要问题时,应做专门研究。

水闸施工的主要内容有:施工导流工程与基坑排水,基坑开挖、基础处理及防渗排水设施的施工,闸室段的底板、闸墩、边墩、胸墙及交通桥、工作桥等的施工,上下游连接段工程的铺盖、护坦、海漫、防冲槽的施工,两岸工程的上下游翼墙、刺墙、上下游护坡施工,闸门及启闭设备安装等。

一般大、中型水闸的闸室多为混凝土及钢筋混凝土工程,其施工原则是:以闸室为主,岸墙、翼墙为辅,插空进行上下游连接段施工,次要项目服从主要项目。

(一)水闸的施工导流与地基开挖

水闸的施工导流与地基开挖一般包括引河段的开挖与筑堤、导流建筑物的开挖与填筑以及施工围堰修筑与拆除、基坑开挖与回填等项目,工程量大,为此在施工中应对土石方进行综合分析,做到次序合理,挖填结合。考虑施工方法(采用人工还是机械开挖)、渗流、降雨等实际因素,研究制订成比较切实合理的施工计划。

(二)水闸施工中的混凝土浇筑顺序

水闸施工中混凝土浇筑是施工的主要环节,各部分应遵循以下浇筑顺序原则,如表2-10所示。

表2-10 混凝土浇筑顺序原则

混凝土浇筑顺序原则	主题描述
先深后浅	先浇深基础,后浇浅基础,以避免深基础的施工扰动破坏浅基础土体,并可降低排水工作的难度
先重后轻	先浇荷重较大的部分,待其完成部分沉陷以后,再浇筑与其相邻的荷重较小的部分,以减少两者间的沉陷差
先高后低	先浇影响上部施工或高度较大的工程部位。如闸底板与闸墩应尽量先安排施工,以便上部桥梁与启闭设备安装施工,而翼墙、消力池等可安排稍后施工
穿插进行	在闸室施工的同时,可穿插铺盖、海漫等上下游连接段的施工

(三)止水与填料施工

为适应地基的不均匀沉降和伸缩变形,在水闸设计中均设置有结构缝(包括温度缝与沉陷缝)。凡位于防渗范围内的缝,都设有止水设施,止水设施分为垂直止水和水平止水两种,缝宽一般为1.0~2.5cm,且所有缝内均应有填料。缝中填料及止水设施在施工中应按设计要求确保质量。

1.填料施工

填料常用的有沥青油毛毡、沥青杉木板及沥青芦席等。其安装方法有以下两种:

第一,将填料用铁钉固定在模板内侧,铁钉不能完全钉入,至少要留有1/3,再浇混凝土,拆模后填料即可贴在混凝土上。

第二,先在缝的一侧立模浇混凝土并在模板内侧预先钉好安装填充材料的铁钉数排,并使铁钉的1/3留在混凝土外面,然后安装填料、敲弯钉尖,使填料固定在混凝土面上。

缝墩处的填缝材料，可借固定模板用的预制混凝土块和对销螺栓夹紧，使填充材料竖立平直。

2.止水施工

第一，水平止水。水闸水平止水大多利用塑料止水带或橡皮止水带。在浇筑前，将止水片上的污物清理干净，水平止水的紫铜片的凹槽应向上，以便于用沥青灌填密实。水平止水片下的混凝土难以浇捣密实，所以止水片翼缘不应在浇筑层的界面处，而应将止水片翼缘置于浇筑层的中间。

第二，垂直止水。垂直止水可以用止水带或金属止水片(紫铜片)，按照沥青井的形状，预制混凝土槽板，安装时须用水泥砂浆胶结，随缝的上升分段接高。沥青井的沥青可一次灌注，也可分段灌注。

(四)闸底板施工

作为闸墩基础的闸底板及其上部的闸墩、胸墙和桥梁，高度较大、层次较多、工作量较集中，需要的施工时间也较长，在混凝土浇筑完后，接着就要进行闸门、启闭机安装等工序，为了平衡施工力量，加速施工进度，必须集中力量优先进行。其他如铺盖、消力池、翼墙等部位的混凝土，则可穿插其中施工，以利施工力量的平衡。

水闸底板有平底板与反拱底板两种。目前，平底板较为常用。

1.平底板施工

闸室地基处理完成后，对软基宜先铺筑 8~10 cm 的素混凝土垫层，以保护地基，找平基面。垫层达到一定强度后，可进行扎筋、立模、搭设脚手架、清仓等工作。

在中、小型工程中，采用小型运输机具直接入仓时，须搭设仓面脚手架。在搭设脚手架之前，应先预制混凝土支柱，支柱的间距视横梁的跨度而定。然后在混凝土柱顶上架立短木柱、斜撑、横梁等以组成脚手架。当底板浇筑接近完成时，可将脚手架拆除，并立即对混凝土表面进行抹面。

当底板厚度不大时，混凝土可采用斜层浇筑法。当底板顺水流长度在 12 m 以内时，可安排两个作业组分层平层浇筑，该方法称为连坯滚法浇筑。先由两个作业组共同浇筑下游齿墙，待齿墙浇平后，第一组由下游向上游浇筑第一坯混凝土，抽出第二组去浇上游齿墙，当第一组浇到底板中部时，第二组的上游齿墙已基本浇平，然后将第二组转到下游浇筑第二坯，当第二坯浇到底板中部时，第一组已达到上游底板边缘，此时第一组再转回浇第三坯，如此连续进行。

齿墙主要起阻滑作用，同时可增加地下轮廓线的防渗长度。一般用混凝土和钢筋混凝土做成。如果出现以下两种情况，一般采用深齿墙：水闸在闸室底板后面紧接斜坡段，并与原河道连接时，在与斜坡连接处的底板下游侧，采用深齿墙，主要是防止斜坡段冲坏后危及闸室安全；当闸基透水层较浅时，可用深齿墙截断透水层，齿墙底部深入不透水层0.5~1.0m。

2.反拱底板施工

（1）施工程序。反拱底板不适合于地基的不均匀沉陷，所以必须注意施工程序，通常采用以下两种施工程序：

第一，先浇闸墩及岸墙，后浇反拱底板。可将自重较大的闸墩、岸墙等先行浇筑，并在控制基底不致产生塑性开展的条件下，尽快均衡上升到顶，这样可以减少水闸各部分在自重作用下的不均匀沉陷。岸墙要尽量将墙后还土夯填到顶，使闸墩岸墙预压沉实，然后浇反拱底板，从而底板的受力状态得到改善。此法目前采用较多，适用于黏性土或砂性土，对于砂土、粉砂地基，由于土模较难成型，适用于较平坦的矢跨比。

第二，反拱底板与闸墩岸墙底板同时浇筑。此法不利于反拱底板的受力状态，但较为适用于地基较好的水闸，可以减少施工工序，加快进度，并保证建筑物的整体性。

（2）施工技术要点分析。反拱底板一般采用土模，所以必须先做好基坑排水工作，保证基土干燥，降低地下水位，挖模前必须将基土夯实，根据设计圆弧曲线放样挖模，并严格按控制曲线的准确性，土模挖出后，先铺垫一层10cm厚砂浆，待其具有一定强度后加盖保护，以待浇筑混凝土。

采用反拱底板与闸墩岸墙底板同时浇筑，在拱脚处预留一缝，缝底设临时铁皮止水，缝顶设“假铰”，待大部分上部结构荷载施加以后，便在低温期浇二期混凝土。先浇闸墩及岸墙，后浇反拱底板，在浇筑岸、墩墙底板时，应将接缝钢筋一头埋在岸、墩墙底板之内，另一头插入土模中，以备下一阶段浇入反拱底板。岸、墩墙浇筑完毕后，应尽量推迟底板的浇筑，以便岸、墩墙基础有更多的时间沉陷。为了减小混凝土的温度收缩应力，浇筑应尽量选择在低温季节进行，并注意施工缝的处理。

（五）闸墩与胸墙施工

1.闸墩施工

闸墩施工特点是高度大、厚度薄，门槽处钢筋稠密，预埋件多，工作面狭窄，模板易变形且闸墩相对位置要求严格等。所以，闸墩施工中主要工作是立模和混凝土浇筑。

（1）模板安装。模板安装有以下两种支模法：

第一，“对销螺栓、铁板螺栓、对拉撑木”支模法。此法虽须耗用大量木材、钢材，工序繁多，但对中、小型水闸施工仍较为方便。立模时应先立墩侧的平面模板，后立墩头的曲面模板。应注意两点：一是要保证闸墩的厚度，二是要保证闸墩的垂直度。单墩浇筑时，一般多采用对销螺栓固定模板,斜撑和缆风固定整个闸墩模板;多墩同时浇筑时,则采用对销螺栓、铁板螺栓、对拉撑木固定。

第二,钢组合模板翻模法。钢组合模板在闸墩施工中应用广泛,常采用翻模法施工。立模时一次至少立三层,当第二层模板内混凝土浇至腰箍下缘时,第一层模板内腰箍以下部分的混凝土须达到脱模强度(以 98 kPa 为宜),这样便可拆掉第一层模板,用于第四层支模,并绑扎钢筋。依次类推,以避免产生冷缝,保持混凝土浇筑的连续性。

(2)混凝土浇筑。闸墩模板立好后,即可进行清仓,用压力水冲洗模板内侧和闸墩底面,污水由底层模板上的预留孔排出,清仓完毕堵塞预留孔,经检验合格后,方可进行混凝土浇筑。闸墩混凝土一般采用溜管进料,溜管间距 2~4m,溜管底距混凝土面的高度应不大于 2m。施工中要注意控制混凝土面上升速度,以免产生跑模现象,并保证每块底板上闸墩混凝土浇筑的均衡上升,防止地基产生不均匀沉降。由于仓内工作面窄,浇捣人员走动困难,可把仓内浇筑面划分成几个区段,每区段内固定浇捣工人,这样可以提高工效。每坯混凝土厚度可控制在 30cm 左右。

2.胸墙施工

胸墙施工在闸墩浇筑后工作桥浇筑前进行,全部重量由底梁及下面的顶撑承受。下梁下面立两排排架式立柱,以顶托底板。立好下梁底板并固定后,立圆角板再立下游面板,然后吊线控制垂直。接着安放围囹及撑木,使临时固定在下游立柱上,待下梁及墙身扎铁后再由下而上地立上游面模板,再立下游面模板及顶梁。模板用围囹和对销螺栓与支撑脚手架相连接。胸墙多属板梁式简支薄壁构件,在立模时,先立外侧模板,等钢筋安装后再立内侧模板。最后,要注意胸墙与闸门顶止水设备安装。

(六)门槽二期混凝土施工

1.平板闸门门槽施工

采用平板闸门的水闸,闸墩部位都设有门槽,门槽混凝土中埋有导轨等铁件,如滑动导轨、主轮、侧轮及反轮导轨、止水座等。这些铁件的埋设有以下两种方法:

(1)直接预埋、一次浇筑混凝土。在闸墩立模时将导轨等铁件直接预埋在模板内侧,施工时一次浇筑闸墩混凝土成型。这种方法适用于小型水闸,在导轨较小时施工方便,且能保证质量。

(2)预留槽二期浇筑混凝土。中型以上水闸导轨较大、较重,在模板上固定较为困难,宜采用预留槽二期浇筑混凝土的施工方法。在浇筑第一期混凝土时,在门槽位置留出一个大于门槽宽的槽位,并在槽内预埋一些开脚螺栓或锚筋,作为安装导轨的固定埋件。

导轨安装前,要对基础螺栓进行校正,安装导轨过程中应随时检测垂直度。施工中应严格控制门槽垂直度,发现偏斜应及时予以调整。埋件安装检查合格后,一期混凝土达到一定强度后,须用凿毛的方法对施工缝认真处理,以确保二期混凝土与一期混凝土的结合。

安装直升闸门的导轨之前,首先要对基础螺栓进行校正,其次将导轨初步固定在预埋螺栓或钢筋上,然后利用垂球逐点校正,使其铅直无误,最后固定并安装模板。模板安装应随混凝土浇筑逐步进行。

2.弧形闸门的导轨安装与二期混凝土浇筑

弧形闸门虽不设门槽,但闸门两侧亦设置转轮或滑块,所以也有导轨安装及二期混凝土施工。弧形阀门的导轨安装,须在预留槽两侧,先设立垂直闸墩侧面并能控制导轨安装垂直度的若干对称控制点,再将校正好的导轨分段与预埋的钢筋临时点焊接数点,待按设计坐标位置逐一校正无误,并根据垂直平面控制点,用样尺检验调整导轨垂直度后,再焊接牢固。

导轨就位后即可立模浇筑二期混凝土。二期混凝土应采用较细骨料并细心捣固,不要振动已装好的金属构件。门槽较高时,不能从高处直接下料,可分段安装和浇筑。二期混凝土拆模后,应对埋件进行复测,并做好记录,同时检查混凝土表面尺寸,清除遗留的杂物,以免影响闸门启闭。

第三章　水利建设工程项目施工管理

第一节　水利建设工程项目施工成本管理

一、工程施工准备阶段的成本管理

施工准备阶段成本控制管理工作是编制科学合理、具有竞争力的投标报价，中标后作为成本控制的上限指标。

(一)投标报价的编制依据

工程量清单是投标报价的重要依据。根据《水利工程工程量清单计价规范》GB 50501—2015，工程量清单由分类分项工程量清单、措施项目清单、其他项目清单和零星工作项目清单组成。

1.分类分项工程量清单的分类介绍

分类分项工程量清单项目编码采用十二位阿拉伯数字表示(由左至右计位)。一至九位为统一编码，其中，一、二位为水利工程顺序码，三、四位为专业工程顺序码，五、六位为分类工程顺序码，七、八、九位为分项工程顺序码，十至十二位为清单项目名称顺序码。清单项目名称顺序码自001起顺序编制。

分类分项工程量清单计价采用工程单价计价。工程单价应由单价组成内容、招标文件、图纸和主要工作内容来确定。除另有约定外，通常情况下对有效工程量以外的超挖、超填工程量，施工附加量，加工损耗量等，所消耗的人工、材料和机械费用，均应摊入相应有效工程量的工程单价中。

分类分项工程量清单分为水利建筑工程工程量清单和水利安装工程工程量清单。水利建筑工程工程量清单共分为土方开挖工程，石方开挖工程，土石方填筑工程，疏浚和吹填工程，砌筑工程，锚喷支护工程，钻孔和灌浆工程，基础防渗和地基加固工程，混凝土工程，模板工程，钢筋、钢构件加工及安装工程，预制混凝土工程，原料开采及加工工程和其他建筑工程等 14 类；水利安装工程工程量清单共分为机电设备安装工程、金属结构设备安装工程和安全监测设备采购及安装工程等 3 类。

2.措施项目清单的分类介绍

措施项目指为完成工程项目施工，发生于该工程项目施工前和施工过程中招标人不要求列明工程量的项目①。

措施项目清单，主要包括环境保护、文明施工、安全防护措施、小型临时工程、施工企业进退场费、大型施工设备安拆费等。措施项目清单项目名称应按招标文件确定的措施项目名称填写。措施项目清单的金额，应根据招标文件的要求以及工程的施工方案，以每一项措施项目为单位，按项计价②。

3.零星工作项目清单的介绍

零星工作项目指完成招标人提出的零星工作项目所需的人工、材料、机械单价，也称“计日工”。

零星工作项目清单列出人工（按工种）、材料（按名称和规格型号）、机械（按名称和规格型号）的计量单位，单价由投标人确定。

4.其他项目清单介绍

其他项目指为完成工程项目施工，发生于该工程施工过程中招标人要求计列的费用项目。其他项目清单中的暂列金额和暂估价两项，指招标人为可能发生的合同变更而预留的金额和暂定项目。其中，暂列金额一般可为分类分项工程项目和措施项目合价的 5%。

（二）投标报价的编制程序

投标报价的编制程序如表 3-1 所示。

表 3-1 投标报价的编制程序

编制程序	主题描述
研究招标文件	投标人取得招标文件之后，首要的工作就是认真仔细地研究招标文件，充分了解其内容和要求，以便有针对性地安排投标工作
调查投标环境	招标工程项目的自然、经济和社会条件，以及招标人、可能的合作伙伴等情况，影响到工程成本，是投标报价时必须考虑的

①全国二级建造师执业资格考试用书编写委员会.全国二级建造师执业资格考试用书：水利水电工程管理与实务（2018 年版）[M].北京：中国建筑工业出版社，2017.

②杨娜.水利工程造价预算[M].郑州：黄河水利出版社，2010.

续表

编制程序	主题描述
制订施工方案	施工方案是投标报价的一个前提条件，也是评标时要考虑的重要因素之一
计算投标报价初步数据	投标报价初步数据计算是对承建招标工程所要发生的各种费用的计算。在进行投标报价初步数据计算时，基础工作是根据招标文件复核或计算工程量
确定投标策略	制定投标策略对提高中标率并获得较高的利润有重要作用。常用的投标策略有以信誉取胜、以低价取胜、以缩短工期取胜、以改进设计取胜，同时也可采取以退为进策略、以长远发展为目标策略等
编制投标文件	投标报价通常是决定是否中标的核心指标之一，在上述研究的基础上确定

（三）投标报价策略

报价策略是指在投标报价中采用一定的手法或技巧使招标人可以接受，而中标后又能获得更多的利润。针对不同部分的情形，常用的投标报价策略如下：

1.投标报价高报的情形

下列情形可以将投标报价高报：第一，施工条件差的工程；第二，专业要求高且公司有专长的技术密集型工程；第三，合同估算价低自己不愿做、又不方便不投标的工程；第四，风险较大的特殊的工程；第五，工期要求急的工程；第六，投标竞争对手少的工程；第七，支付条件不理想的工程；第八，计日工单价可高报。

2.投标报价低报的情形

下列情形可以将投标报价低报：第一，施工条件好、工作简单、工程量大的工程；第二，有策略开拓某一地区市场；第三，在某地区面临工程结束，机械设备等无工地转移时；第四，本公司在待发包工程附近有项目，而本项目又可利用该工程的设备、劳务，或有条件短期内突击完成的工程；第五，投标竞争对手多的工程；第六，工期宽松的工程；第七，支付条件好的工程。

3.采用不平衡报价的情形

一个工程项目总报价基本确定后，可以调整内部各个项目的报价，以期既不提高总报价、不影响中标，又能在结算时得到更理想的经济效益。一般可以考虑在以下几方面采用不平衡报价：

（1）能够早日结账收款的项目（如临时工程费、基础工程、土方开挖等）可适当提高。

（2）预计今后工程量会增加的项目，单价适当提高。

（3）招标图纸不明确，估计修改后工程量要增加的，可以提高单价；对工程内容不清楚的，则可适当降低一些单价，待澄清后可再要求提价。

采用不平衡报价一定要建立在对工程量仔细核对分析的基础上，特别是对报低单价的项目，如工程量执行时增多将造成承包商的重大损失；不平衡报价过多和过于明显，可能会导致报价不合理等后果。

4.采用无利润报价的情形

缺乏竞争优势的承包商，在不得已的情况下，可不考虑利润去竞争。这种办法一般是处于以下条件时采用：第一，中标后，拟将大部分工程分包给报价较低的一些分包商；第二，对于分期建设的项目，先以低价获得首期工程，而后赢得机会创造第二期工程中的竞争优势，并在以后的实施中赚得利润；第三，较长时期内，承包商没有在建的工程项目，如果再不中标，企业亏损会更大。

二、工程施工实施阶段的成本管理

施工实施阶段成本管理的核心是控制计量和支付，准确处理变更和索赔处理事项。施工企业投标前应当充分了解水利工程工程量计量和支付规则，并在合同实施阶段结合工程实际，做好基础资料收集整理工作。下面针对常见的工程项目介绍不同工程施工实施阶段的成本管理。

（一）土方开挖工程的成本管理

土方开挖是工程初期乃至施工过程中的关键工序。是将土和岩石进行松动、破碎、挖掘并运出的工程。按岩土性质，土石方开挖分土方开挖和石方开挖。其中，涉及成本管理的以下几点需要注意：

第一，场地平整按施工图纸所示场地平整区域计算的有效面积以平方米为单位计量，按《工程量清单》相应项目有效工程量的每平方米工程单价支付。

第二，一般土方开挖、淤泥流砂开挖、沟槽开挖和柱坑开挖按施工图纸所示开挖轮廓尺寸计算的有效自然方体积以立方米为单位计量，按《工程量清单》相应项目有效工程量的每立方米工程单价支付。

第三，塌方清理按施工图纸所示开挖轮廓尺寸计算的有效塌方堆方体积以立方米为单位计量，按《工程量清单》相应项目有效工程量的每立方米工程单价支付。

第四，承包人完成“植被清理”工作所需的费用，包含在《工程量清单》相应土方明挖项目有效工程量的每立方米工程单价中，不另行支付。

第五，土方明挖工程单价包括承包人按合同要求完成场地清理，测量放样，临时性排水措施，土方开挖、装卸和运输，边坡整治和稳定观测，基础、边坡面的检查和验收，以及将开挖可利用或废弃的土方运至监理人指定的堆放区并加以保护、处理等工作所需的费用。

第六，土方明挖开始前，承包人应根据监理人指示，测量开挖区的地形和计量剖面，经监理人检查确认后，作为计量支付的原始资料。土方明挖按施工图纸所示的轮廓尺寸计算有效自然方体积以立方米为单位计量，按《工程量清单》相应项目有效工程量的每立方米工程单价支付。施工过程中增加的超挖量和施工附加量所需的费用，应包含在《工程量清单》相应项目有效工程量的每立方米工程单价中，不另行支付。

第七，除合同另有约定外，开采土料或砂砾料（包括取土、含水量调整、弃土处理、土料运输和堆放等工作）所需的费用，包含在《工程量清单》相应项目有效工程量的工程单价或总价中，不另行支付。

第八，除合同另有约定外，承包人在料场开采结束后完成开采区清理、恢复和绿化等工作所需的费用，包含在《工程量清单》"环境保护和水土保持"相应项目的工程单价或总价中，不另行支付。

（二）地基处理工程的成本管理

地基处理一般是指用于改善支承建筑物的地基（土或岩石）的承载能力或改善其变形性质或渗透性质而采取的工程技术措施。地基处理工程中根据不同的处理方式，其成本管理也各不相同。

1.振冲地基的成本管理

第一，振冲加密或振冲置换成桩。按施工图纸所示尺寸计算的有效长度以米为单位计量，按《工程量清单》相应项目有效工程量的每米工程单价支付。

第二，除合同另有约定外，承包人按合同要求完成振冲试验、振冲桩体密实度和承载力检验等工作所需的费用，包含在《工程量清单》相应项目有效工程量的每米工程单价中，不另行支付。

2.混凝土灌注桩基础的成本管理

第一，钻孔灌注桩或者沉管灌注桩按施工图纸所示尺寸计算的桩体有效体积以立方米为单位计量，按《工程量清单》相应项目有效工程量的每立方米工程单价支付。

第二，除合同另有约定外，承包人按合同要求完成灌注桩成孔成桩试验、成桩承载力检验、校验施工参数和工艺、埋设孔口装置、造孔、清孔、护壁以及混凝土拌和、运输和灌注等工作所需的费用，包含在《工程量清单》相应灌注桩项目有效工程量的每立方米工程单价中，不另行支付。

第三，灌注桩的钢筋按施工图纸所示钢筋强度等级、直径和长度计算的有效质量以吨为单位计量，由发包人按《工程量清单》相应项目有效工程量的每吨工程单价支付。

(三)土方填筑工程的成本管理

土方填筑指的是对土砂石等天然建筑材料进行开采、装料、运输、卸料、铺散、压实的工程。水利工程中,土石方建筑主要用于修筑渠堤、堤防、土石围堰、土石坝等建筑物。土方填筑工程成本管理中需要注意以下六点:

第一,坝(堤)体填筑按施工图纸所示尺寸计算的有效压实方体积以立方米为单位计量,按《工程量清单》相应项目有效工程量的每立方米工程单价支付。

第二,坝(堤)体全部完成后,最终结算的工程量应是经过施工期间压实并经自然沉陷后按施工图纸所示尺寸计算的有效压实方体积。若分次支付的累计工程量超出最终结算的工程量,应扣除超出部分工程量。

第三,黏土心墙、接触黏土、混凝土防渗墙顶部附近的高塑性黏土、上游铺盖区的土料、反滤料、过渡料和垫层料均按施工图纸所示尺寸计算的有效压实方体积以立方米为单位计量,由发包人按《工程量清单》相应项目有效工程量的每立方米工程单价支付。

第四,坝体上、下游面块石护坡按施工图纸所示尺寸计算的有效体积以立方米为单位计量,按《工程量清单》相应项目有效工程量的每立方米工程单价支付。

第五,除合同另有约定外,承包人对料场(土料场、石料场和存料场)进行复核、复勘、取样试验、地质测绘以及工程完建后的料场整治和清理等工作所需的费用,包含在每立方米(吨)材料单价或《工程量清单》相应项目工程单价或总价中,不另行支付。

第六,坝体填筑的现场碾压试验费用,按《工程量清单》相应项目的总价支付。

(四)混凝土工程的成本管理

混凝土工程根据材料的不同,其成本管理的关键点也各不相同。下面分别进行介绍。

1.现浇混凝土和预制构件的模板

第一,除合同另有约定外,现浇混凝土的模板费用,包含在《工程量清单》相应混凝土或钢筋混凝土项目有效工程量的每立方米工程单价中,不另行计量和支付。

第二,混凝土预制构件模板所需费用,包含在《工程量清单》相应预制混凝土构件项目有效工程量的工程单价中,不另行支付。

2.钢筋混凝土的成本管理

按施工图纸所示钢筋强度等级、直径和长度计算的有效质量以吨为单位计量,由发包人按《工程量清单》相应项目有效工程量的每吨工程单价支付。施工架立筋、搭接、套筒连接、加工及安装过程中操作损耗等所需费用,均包含在《工程量清单》相应项目有效工程量的每吨工程单价中,不另行支付。

3.普通混凝土的成本管理

第一,普通混凝土按施工图纸所示尺寸计算的有效体积以立方米为单位计量,按《工程量清单》相应项目有效工程量的每立方米工程单价支付。

第二,混凝土有效工程量不扣除设计单体体积小于 $0.1m^2$ 的圆角或斜角,单体占用的空间体积小于 $0.1m^2$ 的钢筋和金属件,单体横截面积小于 $0.1m^2$ 的孔洞、排水管、预埋管和凹槽等所占的体积,按设计要求对上述孔洞回填的混凝土也不予计量。

第三,不可预见地质原因超挖引起的超填工程量所发生的费用,按《工程量清单》相应项目或变更项目的每立方米工程单价支付。除此之外,同一承包人由于其他原因超挖引起的超填工程量和由此增加的其他工作所需的费用,均应包含在《工程量清单》相应项目有效工程量的每立方米工程单价中,不另行支付。

第四,混凝土在冲(凿)毛、拌和、运输和浇筑过程中的操作损耗,以及为临时性施工措施增加的附加混凝土量所需的费用,应包含在《工程量清单》相应项目有效工程量的每立方米工程单价中,不另行支付。

第五,施工过程中,承包人进行的各项混凝土试验所需的费用(不包括以总价形式支付的混凝土配合比试验费),均包含在《工程量清单》相应项目有效工程量的每立方米工程单价中,不另行支付。

第六,止水、止浆、伸缩缝等按施工图纸所示各种材料数量以米(或平方米)为单位计量,按《工程量清单》相应项目有效工程量的每米(或平方米)工程单价支付。

第七,混凝土温度控制措施费(包括冷却水管埋设及通水冷却费用、混凝土收缩缝和冷却水管的灌浆费用,以及混凝土坝体的保温费用)包含在《工程量清单》相应混凝土项目有效工程量的每立方米工程单价中,不另行支付。

第八,混凝土坝体的接缝灌浆(接触灌浆),按设计图纸所示要求灌浆的混凝土施工缝(混凝土与基础、岸坡岩体的接触缝)的接缝面积以平方米为单位计量,按《工程量清单》相应项目有效工程量的每平方米工程单价支付。

第九,混凝土坝体内预埋排水管所需的费用,应包含在《工程量清单》相应混凝土项目有效工程量的每立方米工程单价中,不另行支付。

(五)砌体工程的成本管理

砌体工程的成本管理关键点如下:

第一,浆砌石、干砌石、混凝土预制块和砖砌体按施工图纸所示尺寸计算的有效砌筑体积以立方米为单位计量,按《工程量清单》相应项目有效工程量的每立方米工程单价支付。

第二,砌筑工程的砂浆、拉结筋、垫层、排水管、止水设施、伸缩缝、沉降缝及埋设件等费用,包含在《工程量清单》相应砌筑项目有效工程量的每立方米工程单价中,不另行支付。

第三,承包人按合同要求完成砌体建筑物的基础清理和施工排水等工作所需的费用,包含在《工程量清单》相应砌筑项目有效工程量的每立方米工程单价中,不另行支付。

第二节　水利建设工程项目施工进度管理

一、水利建设工程实际工期和进度的衡量指标

(一)进度控制的衡量指标

工作包是项目分解结构最底层的工作单元,是分解结果的最小单元。进度控制的对象是各个层次的项目单元,虽然最低层次的工作包是主要对象,但有时进度控制还要细到具体的网络计划中的工程活动。

有效的进度控制必须能够迅速、正确地在项目参与者(工程小组、分包商、供应商等)的工作岗位上反映如下进度信息:

第一,工作包(或工程活动)所达到的实际状态,即完成程度和已消耗的资源。在项目控制期末(一般为月底)对各工作包的实施状况、完成程度、资源消耗量进行统计。这时,如果一个工程活动已完成或未开始,则已完成的进度为100%,未开始的为0,但这时必然有许多工程活动已开始但尚未完成。为了便于比较精确地进行进度控制和成本核算,必须定义它的完成程度。通常有如下几种定义模式:①0~100%,即开始后完成前一直为0,直到完成才为100%,这是一种比较悲观的反映;②50%~100%,一经开始直到完成前都认为已完成50%,完成后才为100%;③实物工作量或成本消耗、劳动消耗所占的比例,即按已完成的工作量占总计划工作量的比例计算;④按已消耗工期与计划工期(持续时间)的比例计算,这在横道图计划与实际工期对比和网络调整中得到应用;⑤按工序(工作步骤)分析定义。这里要分析该工作包的工作内容和步骤,并定义各个步骤的进度份额。各步骤占总进度的份额由进度描述指标的比例来计算,例如,可以按工时投入比例,也可以按成本比例。如果到月底隐蔽工程验收刚完,则该分项工程完成60%,而如果混凝土浇捣完成一半,则达77%。

第二,当工作包内容复杂,无法用统一的、均衡的指标衡量时,可以采用按工序(工作

步骤）定义的方法，该方法的好处是可以排除工时投入浪费、初期的低效率等造成的影响；可以较好地反映工程进度。

（二）进度计划的控制方法

施工项目进度控制是工程项目进度控制的主要环节，常用的控制方法有横道图控制法、S形曲线控制法、香蕉形曲线比较法等。

1.横道图控制法

最常见的方法是利用横道图制订实施性进度计划，用以指导项目的实施。这种方法简明、形象、直观，编制方法简单，使用方便。

横道图控制法是在项目过程实施中，收集检查实际进度的信息，经整理后直接用横道线表示，并直接与原计划的横道线进行比较。

利用横道图检查时，图示清楚明了，可在图中用粗细不同的线条分别表示实际进度与计划进度。在横道图中，完成任务量可以用实物工程量、劳动消耗量和工作量等不同方式表示。

2. S形曲线控制法

S形曲线是一个以横坐标表示时间、纵坐标表示完成工作量的曲线图。工作量的具体内容可以是实物工程量、工时消耗或费用，也可以是相对的百分比。对于大多数工程项目来说，在整个项目实施期内单位时间（以天、周、月、季等为单位）的资源消耗（人、财、物的消耗）通常是中间多而两头少。由于这一特性，资源消耗累加后便形成一条中间陡而两头平缓的形如S的曲线。

像横道图一样，S形曲线也能直观反映工程项目的实际进展情况。项目进度控制工程师事先绘制进度计划的S形曲线。在项目施工过程中，每隔一定时间按项目实际进度情况绘制完工进度的S形曲线，并与原计划的S形曲线进行比较。

3.香蕉形曲线比较法

香蕉形曲线是由两条以同一开始时间、同一结束时间的S形曲线组合而成的。其中一条S形曲线是按最早开始时间安排进度所绘制的S形曲线，简称ES曲线；而另一条S形曲线是按最迟开始时间安排进度所绘制的S形曲线，简称LS曲线。除项目的开始和结束点外，ES曲线在LS曲线上方，同一时刻两条曲线所对应完成的工作量是不同的。

（三）进度计划的调整实施方法

当进度控制人员发现问题后，须对实施进度进行调整。为了实现进度计划的控制目标，究竟采取何种调整方法，要在分析的基础上确定。从实现进度计划的控制目标来看，可行的调整方案可能有多种，这就需要对这些方案进行择优选择。

通常来说，进度调整的方法主要有以下三种：

1.改变工作之间的逻辑关系

改变工作之间的逻辑关系主要是通过改变关键线路上工作之间的先后顺序、逻辑关系来实现缩短工期的目的。例如，若原进度计划比较保守，各项工作依次实施，即某项工作结束后，另一项工作才开始。通过改变工作之间的逻辑关系，变顺序关系为平行搭接关系，便可达到缩短工期的目的。这样进行调整，由于增加了工作之间的平行搭接时间，进度控制工作就显得更加重要，实施中必须做好协调工作①。

2.改变工作延续时间

改变工作延续时间主要是对关键线路上的工作进行调整，工作之间的逻辑关系并不发生变化。例如，某一项目的进度拖延后，为了加快进度，可采用压缩关键线路上工作的持续时间，增加相应的资源来达到加快进度的目的。这种调整通常在网络计划图上直接进行，其调整方法与限制条件及对后续工作的影响程度有关，一般可考虑以下三种情况：

(1)在网络图中，某项工作进度拖延，但拖延的时间在该工作的总时差范围以内、自由时差以外。若用Δ表示此项工作拖延的时间，即$FF<\Delta<TF$。根据前面的分析，这种情况不会对工期产生影响，只对后续工作产生影响。所以，在进行调整前，要确定后续工作允许拖延的时间限制，并作为进度调整的限制条件。确定这个限制条件有时很复杂，特别是当后续工作由多个平行的分包单位负责实施时更是如此。

(2)在网络图中，某项工作进度的拖延时间大于项目工作的总时差，即$\Delta>TF$，这时该项工作可能在关键线路上($TF=0$)，也可能在非关键线路上，但拖延的时间超过了总时差($\Delta>TF$)。调整的方法是以工期的限制时间作为规定工期，对未实施的网络计划进行工期—费用优化。通过压缩网络图中某些工作的持续时间，使总工期满足规定工期的要求。具体步骤：第一，简化网络图，去掉已经执行的部分，以进度检查时间作为开始节点的起点时间，将实际数据代入简化网络图中；第二，以简化的网络图和实际数据为基础，计算工作最早开始时间；第三，以总工期允许拖延的极限时间作为计算工期，计算各工作最迟开始时间，形成调整后的计划。

3.控制进度超前项目

在计划阶段所确定的工期目标，往往是综合考虑各方面因素优选的合理工期。正因为如此，网络计划中工作进度的任何变化，无论是拖延还是超前，都可能造成其他目标的失控(如造成费用增加等)。例如，在一个施工总进度计划中，由于某项工作的超前，致使

①黄晓琳，马会灿.水利工程施工管理与实务[M].郑州：黄河水利出版社，2012.

资源的使用发生变化。这不仅影响原进度计划的继续执行,也影响各项资源的合理安排,特别是施工项目采用多个分包单位进行平行施工时,因进度安排发生了变化,导致协调工作的复杂化。在这种情况下,对进度超前的项目也需要加以控制。

二、水利建设工程进度停滞解决策略

(一)针对已产生的进度拖延的策略

对已产生的进度拖延可以有如下的基本措施:

(1)采取积极的措施赶工,以弥补或部分地弥补已经产生的拖延。主要通过调整后期计划,采取措施赶工、修改网络等方法解决进度拖延问题。

(2)不采取特别的措施,在目前进度状态的基础上,仍按照原计划安排后期工作。但在通常情况下,拖延的影响会越来越大。有时刚开始仅一两周的拖延,到最后会导致一年拖延的结果。这是一种消极的办法,最终结果必然损害工期目标和经济效益。

(二)针对某些特定进度拖延的赶工策略

与在计划阶段压缩工期一样,解决进度拖延有许多方法,但每种方法都有它的适用条件,必然会带来一些负面影响。在人们以往的讨论以及实际工作中,都将重点集中在时间问题上,这是不对的。许多措施常常没有效果,或引起其他更严重的问题,最典型的是增加成本开支、现场的混乱和引起质量问题。所以,应该将它作为一个新的计划过程来处理。在实际工程中经常采取如下赶工措施:

(1)增加资源投入。例如,增加劳动力、材料、周转材料和设备的投入量。这是最常用的办法。增加资源投入会带来如下问题:①造成费用增加,如增加人员的调遣费用、周转材料一次性费用、设备的进出场费用;②由于增加资源造成资源使用效率的降低;③加剧资源供应困难,如有些资源没有增加的可能性,加剧项目之间或工序之间对资源激烈的竞争。

(2)重新分配资源。例如,将服务部门的人员投入到生产中去,投入风险准备资源,采用加班或多班制工作。

(3)减少工作范围。减少工作范围包括减少工作量或删去一些工作包(或分项工程)。减少工作范围可能产生如下影响:①损害工程的完整性、经济性、安全性、运行效率,或提高项目运行费用;②必须经过上层管理者,如投资者、业主的批准。

(4)改善工具、器具以提高劳动效率。

(5)提高劳动生产率。提高劳动生产率主要通过辅助措施和合理的工作过程。提高劳动生产率要注意以下几个问题:①加强培训,通常培训应尽可能地提前;②注意工人级别与工人技能的协调;③工作中的激励机制,例如奖金、小组精神发扬、个人负责制、目标明确;④改善工作环境及项目的公用设施(需要花费);⑤项目小组时间上和空间上合理的组合和搭接;⑥避免项目组织中的矛盾,多沟通。

(6)将部分任务转移,如分包、委托给另外的单位,将原计划由自己生产的结构构件改为外购等。当然,这不仅有风险、产生新的费用,而且需要增加控制和协调工作。

(7)改变网络计划中工程活动的逻辑关系,如将前后顺序工作改为平行工作,或采用流水施工的方法。改变网络计划中工程活动的逻辑关系可能产生以下问题:①工程活动逻辑上的矛盾性;②资源的限制,平行施工要增加资源的投入强度,尽管投入总量不变;③工作面限制及由此产生的现场混乱和低效率问题。

(8)将一些工作包合并,特别是在关键线路上按先后顺序实施的工作包合并,与实施者一道研究,通过局部调整实施过程和人力、物力的分配达到缩短工期的目的。

(三)策略选择应注意的问题

在实际工作中,人们常常采用了许多事先认为有效的措施,但实际效力却很小,常常达不到预期的缩短工期的效果。所以,在选择措施时,要考虑到以下几点:第一,赶工应符合项目的总目标与总战略;第二,措施应是有效的、可以实现的;第三,花费比较省;第四,对项目的实施及承包商、供应商的影响面较小。

在制订后续工作计划时,这些措施应与项目的其他过程协调。

第三节　水利建设工程项目施工质量管理与评定

一、施工单位质量管理的内容

根据有关规定,施工单位应当按照其拥有的注册资本、净资产、专业技术人员、技术装备和已经完成的建筑工程业绩等资质条件申请资质,经审查合格后,取得相应等级的资质证书后,方可从事其资质等级范围内的建筑活动。

根据《水利工程质量管理规定》,施工单位必须按其资质等级及业务范围承担相应水利工程施工任务。施工单位必须接受水利工程质量监督单位对其施工资质等级以及质量保证体系的监督检查。施工单位质量管理的主要内容有四点:第一,施工单位必须依据国家和水利行业有关工程建设法规、技术规程、技术标准的规定以及设计文件和施工合同的要求进行施工,并对其施工的工程质量负责。第二,施工单位不得将其承接的水利建设项目的主体工程进行转包。对工程的分包,分包单位必须具备相应资质等级,并对其分包工程的施工质量向总包单位负责,总包单位对全部工程质量向项目法人(建设单位)负责。第三,施工单位要推行全面质量管理,建立健全质量保证体系,制定和完善岗位质量规范、质量责任及考核办法,落实质量责任制。在施工过程中要加强质量检验工作,认真执行"三检制",切实做好工程质量的全过程控制。第四,竣工工程质量必须符合国家和水利行业现行的工程标准及设计文件要求,并应向项目法人(建设单位)提交完整的技术档案、试验成果及有关资料。

二、监理单位质量管理的内容

国务院办公厅《关于加强基础设施工程质量管理的通知》(国发办〔1999〕16号)中强调,对于基础设施工程的建设必须实行工程监理制。基础设施项目的施工,必须由具备相应资质条件的监理单位进行监理。通知要求"监理单位必须配备足够合格的监理人员。未经监理人员签字认可,建筑材料、构配件和设备不得在工程上使用或安装,不得进入下一道工序的施工,不得拨付工程进度款,不得进行竣工验收。监理人员要按规定采取旁站、巡视和平行检查等形式,按作业程序即时跟班到位进行监督检查,对达不到质量要求的工程不得签字,并有权责令返工,有权向有关主管部门报告"。

根据《水利工程质量管理规定》,监理单位必须持有水利部颁发的监理单位资格等级证书,依据核定的监理范围承担相应水利工程监理任务。监理单位必须接受水利工程质量监督单位对其监理资格、质量检查体系以及质量监理工作的监督检查①。

监理单位质量管理的主要内容包括以下几点:第一,监理单位必须严格执行国家法律、水利行业法规、技术标准,严格履行监理合同。第二,根据所承担的监理任务向水利工程施工现场派出相应的监理机构,人员配备必须满足项目要求。监理工程师上岗必须持有水利部颁发的监理工程师岗位证书,一般监理人员上岗要经过岗前培训。第三,监理单位应根据监理合同参与招标工作,从保证工程质量全面履行工程承建合同出发,签发施工图纸。第四,审查施工单位的施工组织设计和技术措施。第五,指导监督合同中有关质量标准、要求的实施。第六,参加工程质量检查、工程质量事故调查处理和工程验收工作②。

三、施工质量事故与事故报告

为了加强水利工程质量管理,规范水利工程质量事故处理行为,根据《中华人民共和

---

①石自堂.水利工程管理[M].北京:中国水利水电出版社,2009.

②宏亮,于雪峰.水利工程随工[M].郑州:黄河水利出版社,2009.

国建筑法》和《中华人民共和国行政处罚法》,水利部于 1999 年 3 月 4 日发布实施《水利工程质量事故处理暂行规定》(水利部令第 9 号)。

根据《水利工程质量事故处理暂行规定》(水利部令第 9 号),水利工程质量事故是指在水利工程建设过程中,由于建设管理、监理、勘测、设计、咨询、施工、材料、设备等原因造成工程质量不符合规程、规范和合同规定的质量标准,影响工程使用寿命和对工程安全运行造成隐患和危害的事件。需要注意的问题是,水利工程质量事故可以造成经济损失,也可以同时造成人身伤亡。这里主要是指没有造成人身伤亡的质量事故。

(一)施工质量事故的类型

根据《水利工程质量事故处理暂行规定》(水利部令第 9 号),工程质量事故按直接经济损失的大小,检查、处理事故对工期的影响时间长短和对工程正常使用的影响,分类为特大质量事故、重大质量事故、较大质量事故、一般质量事故以及质量缺陷。具体如下:

(1)特大质量事故指对工程造成特大经济损失或长时间延误工期,经处理仍对正常使用和工程使用寿命有较大影响的事故。

(2)重大质量事故指对工程造成重大经济损失或较长时间延误工期,经处理后不影响正常使用但对工程使用寿命有较大影响的事故。

(3)较大质量事故指对工程造成较大经济损失或延误较短工期,经处理后不影响正常使用但对工程使用寿命有一定影响的事故。

(4)一般质量事故指对工程造成一定经济损失,经处理后不影响正常使用并不影响使用寿命的事故。

(5)小于一般质量事故的质量问题称为质量缺陷。

(二)施工质量事故的报告内容

根据《水利工程质量事故处理暂行规定》(水利部令第 9 号),事故发生后,事故单位要严格保护现场,采取有效措施抢救人员和财产,防止事故扩大。因抢救人员、疏导交通等原因须移动现场物件时,应做出标志、绘制现场简图并做出书面记录,妥善保管现场重要痕迹、物证,并进行拍照或录像。

发生质量事故后,项目法人必须将事故的简要情况向项目主管部门报告。项目主管部门接事故报告后,按照管理权限向上级水行政主管部门报告。发生(发现)较大质量事故、重大质量事故、特大质量事故,事故单位要在 48 小时内向有关单位提出书面报告。突发性事故,事故单位要在 4 小时内电话向上述单位报告。

有关事故报告应包括以下六个方面的内容:第一,工程名称、建设地点、工期,项目法人、主管部门及负责人电话;第二,事故发生的时间、地点、工程部位以及相应的参建单位名称;第三,事故发生的简要经过、伤亡人数和直接经济损失的初步估计;第四,事故发生原因初步分析;第五,事故发生后采取的措施及事故控制情况;第六,事故报告单位、负责人以及联络方式。

四、施工质量事故的处理

根据《水利工程质量事故处理暂行规定》(水利部令第 9 号),因质量事故造成人员伤亡的,还应遵从国家和水利部伤亡事故处理的有关规定。其中质量事故的处理的基本要求包括以下内容:

(一)处理原则和职责划分

根据水利部《关于贯彻质量发展纲要、提升水利工程质量的实施意见》(水建管〔2012〕581 号),坚持"事故原因不查清楚不放过、主要事故责任者和职工未受到教育不放过、补救和防范措施不落实不放过、责任人员未受到处理不放过"的原则,做好事故处理工作。

发生质量事故后,必须针对事故原因提出工程处理方案,经有关单位审定后实施。具体如下:

第一,一般质量事故,由项目法人负责组织有关单位制订处理方案并实施,报上级主管部门备案。

第二,较大质量事故,由项目法人负责组织有关单位制订处理方案,经上级主管部门审定后实施,报省级水行政主管部门或流域备案。

第三,重大质量事故,由项目法人负责组织有关单位提出处理方案,征得事故调查组意见后,报省级水行政主管部门或流域机构审定后实施。

第四,特大质量事故,由项目法人负责组织有关单位提出处理方案,征得事故调查组意见后,报省级水行政主管部门或流域机构审定后实施,并报水利部备案。

(二)设计变更和质量缺陷管理

事故处理需要进行设计变更的,须原设计单位或有资质的单位提出设计变更方案。需要进行重大设计变更的,必须经原设计审批部门审定后实施。事故部位处理完毕后,必须按照管理权限经过质量评定与验收后,方可投入使用或进入下一阶段施工。

《水利工程质量事故处理暂行规定》(水利部令第 9 号)规定,小于一般质量事故的质量问题称为质量缺陷。所谓质量缺陷,是指小于一般质量事故的质量问题,即因特殊原因,使得工程个别部位或局部达不到规范和设计要求(不影响使用),且未能及时进行处理的工程质量问题（质量评定仍为合格）。根据水利部《关于贯彻落实〈国务院批转国家计委、财政部、水利部、建设部关于加强公益性水利工程建设管理若干意见的通知〉的实施意见》，水利工程实行水利工程施工质量缺陷备案及检查处理制度：

第一，对因特殊原因，使得工程个别部位或局部达不到规范和设计要求（不影响使用），且未能及时进行处理的工程质量缺陷问题（质量评定仍为合格），必须以工程质量缺陷备案形式进行记录备案。

第二，质量缺陷备案的内容包括：质量缺陷产生的部位、原因，对质量缺陷是否处理和如何处理以及对建筑物使用的影响等。内容必须真实、全面、完整，参建单位（人员）必须在质量缺陷备案表上签字，有不同意见应明确记载。

第三，质量缺陷备案资料必须按竣工验收的标准制备，作为工程竣工验收备查资料存档。质量缺陷备案表由监理单位组织填写。

第四，工程项目竣工验收时，项目法人必须向验收委员会汇报并提交历次质量缺陷的备案资料。

第四节　水利建设工程项目水土保持管理

一、水土保持及治理

我国是世界上开展水土保持具有悠久历史并积累丰富经验的国家。从20世纪开始，我国就进行了对水土流失规律的初步探索，为开展典型治理提供了依据。中华人民共和国成立后，我国政府十分重视水土保持工作，在长期实践的基础上，总结出以小流域为单元，全面规划、综合治理的经验。1991年颁布的《中华人民共和国水土保持法》使中国水土保持步入了依法防治的轨道（《中华人民共和国水土保持法》已由中华人民共和国第十一届全国人民代表大会常务委员会第十八次会议于2010年12月25日修订通过，自2011年3月1日起施行）。1998—2000年国务院先后批准实施了《全国生态环境建设规划》及《全国生态环境保护纲要》，对21世纪初期的水土保持及生态建设做出了全面部署，并将水土保持及生态建设作为中国实施可持续发展战略和西部大开发战略的重要组成部分。近几年来，我国实行积极的财政政策，利用国债资金全面展开了大规模的生态建设，在长江上游、黄河中游以及环京津等水土流失严重地区，实施了水土保持重点建设工程、退耕还林工程及防沙治沙工程等一系列重大生态建设工程。

(一)水土保持概念界定及意义

1.水土保持概念界定

根据2011年3月1日重新修订的《中华人民共和国水土保持法》对“水土保持”的概念定义为:在研究水土流失原因和发展过程的基础上,有针对性地运用综合性的技术措施,防治水土流失,保护、改良与合理利用水土资源,维护和提高土地生产力,以利于充分发挥水土资源的生态、经济和社会效益。

从本定义可知:

(1)在充分研究导致水土流失发生的各种因素的基础上,根据水土流失的程度有针对性地、因地制宜地采取治理措施。

(2)水土保持是“水资源”和“土地资源”两种自然资源的保护、改良和合理利用,而不仅限于土地资源。

(3)“保持”含义不仅限于保护,而是保护、改良和合理利用。

(4)水土保持的目的在于充分发挥水土资源的生态、经济和社会效益,改善当地的生态环境,可持续地利用水土资源,为发展生产、治理江河、减少灾害服务。

2.水土保持的重要意义

从“水土保持”本身的意义而言,水土保持是为国民经济的可持续发展、生态环境的保护和改善服务,“水土保持”的意义在于以下几点①:

第一,树立水、土资源的可持续利用和保护观,进而维护和提高土地生产力。

第二,树立环境保护观,减少“水利工程”建设过程中对当地生态、社会环境的不利影响。

第三,提高“水利工程”的利用效率,防止因水利工程自身“水土保持”不到位,影响“水利工程”自身效益的发挥,如水库的淤积导致水库兴利库容的减少、大坝坝体的水土流失导致坝体的垮塌。

第四,“水利工程”注重“水土保持”,不是因“水土保持”牺牲“水利工程”的部分效益,而是使“水利工程”可持续地发挥“工程效益”。

(二)我国水土保持的成功经验

我国水土保持经过半个世纪的发展,走出了一条具有中国特色综合防治水土流失的

①彭尔瑞,王春彦,尹亚敏.农村水利建设与管理[M].北京:中国水利水电出版社,2016.

道路。主要做法有如下几种①:第一,预防为主,依法防治水土流失。加强执法监督,加强项目管理,控制人为水土流失。第二,以小流域为单元,科学规划,综合治理。第三,治理与开发利用相结合,实现三大效益的统一。第四,优化配置水资源,合理安排生态用水,处理好生产、生活和生态用水的关系。同时在水土保持和生态建设中,充分考虑水资源的承载能力,因地制宜,因水制宜,适地适树,宜林则林,宜灌则灌,宜草则草。第五,依靠科技,提高治理的水平和效益。第六,建立政府行为和市场经济相结合的运行机制。第七,广泛宣传,提高全民的水土保持意识。

(三)水土保持应遵循的治理原则

水土保持必须贯彻预防为主,全面规划,综合防治,因地制宜,加强管理。要贯彻好注重效益的方针,必须遵循以下治理原则:

(1)因地制宜,因害设防,综合治理开发。

(2)防治结合。

(3)治理开发一体化。

(4)突出重点,选好突破口。

(5)规模化治理,区域化布局。

(6)治管结合。

(四)水土保持的治理措施

为实现水土保持战略目标和任务,采取以下措施:

第一,依法行政,不断完善水土保持法律法规体系,强化监督执法。严格执行《水土保持法》的规定,通过宣传教育,不断增强群众的水土保持意识和法制观念,坚决遏制人为水土流失,保护好现有植被。重点抓好开发建设项目水土保持管理。把水土流失的防治纳入法制化轨道。

第二,实行分区治理,分类指导。西北黄土高原区以建设稳产高产基本农田为突破口,突出沟道治理,退耕还林还草。东北黑土区大力推行保土耕作,保护和恢复植被。南方红壤丘陵区采取封禁治理,提高植物覆盖率,通过以电代柴解决农村能源问题。北方土石山区改造坡耕地,发展水土保持林和水源涵养林。西南石灰岩地区陡坡退耕,大力改造坡耕地,蓄水保土,控制石漠化。风沙区营造防风固沙林带,实施封育保护,防止沙漠扩展;草原区实行围栏、封育、轮牧、休牧、建设人工草场。

---

①张基尧.水利水电工程项目管理理论与实践[M].北京:中国电力出版社,2008.

第三，加强封育保护，依靠生态的自我修复能力，促进大范围的生态环境改善。按照人与自然和谐相处的要求控制人类活动对自然的过度索取和侵害。大力调整农牧业生产方式，在生态脆弱地区，封山禁牧，舍饲圈养，依靠大自然的力量，特别是生态的自我修复能力，增加植被，减轻水土流失，改善生态环境。

第四，大规模地开展生态建设工程。继续开展以长江上游、黄河中游地区以及环京津地区的一系列重点生态工程建设，加大退耕还林力度。搞好天然林保护。加快跨流域调水和水资源、工程建设，尽快实施南水北调工程，缓解北方地区水资源短缺矛盾，改善生态环境。在内陆河流域合理安排生态用水，恢复绿洲和遏制沙漠化。

第五，科学规划，综合治理。实行以小流域为单元的山、水、田、林、路统一规划，尊重群众的意愿，综合运用工程、生物和农业技术三大措施，有效控制水土流失，合理利用水土资源。通过经济结构、产业结构和种植结构的调整，提高农业综合生产能力和农民收入，使治理区的水土流失程度减轻，经济得到发展，人居环境得到改善，实现人口、资源、环境和社会的协调发展。

第六，加强水土保持科学研究，促进科技进步。不断探索有效控制土壤侵蚀，提高土地综合生产能力的措施，加强对治理区群众的培训，搞好水土保持科学普及和技术推广工作。积极开展水土保持监测预报，大力应用“3S”等高新技术，建立全国水土保持监测网络和信息系统，努力提高科技在水土保持中的贡献率。

第七，完善和制定优惠政策，建立适应市场经济要求的水土保持发展机制，明晰治理成果的所有权，保护治理者的合法权益，鼓励和支持广大农民和社会各界人士，积极参与治理水土流失。

第八，加强水土保持方面的国际合作和对外交流，增进相互了解，不断学习、借鉴和吸收国外的先进技术、先进理念和先进管理经验，不断提高我国水土保持的水平。

二、《中华人民共和国水土保持法》的相关规定

《中华人民共和国水土保持法》包括第一章总则、第二章规划、第三章预防、第四章治理、第五章检测和监督、第六章法律责任和第七章附则共六十条。对水利工程建设项目水土保持做出如下规定：

（一）水利工程建设项目水土保持要求

水利工程建设项目水土保持要求如下：

第一，从事可能引起水土流失的生产建设活动的单位和个人，必须采取措施保护水土资源，并负责治理因生产建设活动造成的水土流失。

第二,修建铁路、公路和水工程,应当尽量减少植被破坏;废弃的砂、石、土必须运至规定的专门存放地堆放,不得向江河、湖泊、水库和专门存放地以外的沟渠倾倒。

第三,在山区、丘陵区、风沙区修建铁路、公路、水工程,开办矿山企业、电力企业和其他大中型工业企业,在建设项目环境影响报告书中,必须有水行政主管部门同意的水土保持方案;建设项目中的水土保持设施,必须与主体工程同时设计、同时施工、同时投产使用。建设工程竣工验收时,应当同时验收水土保持设施,并有水行政主管部门参加。

第四,企业事业单位在建设和生产过程中必须采取水土保持措施,对造成的水土流失负责治理。本单位无力治理的,由水行政主管部门治理,治理费用由造成水土流失的企业事业单位负担;建设过程中发生的水土流失防治费用,从基本建设投资中列支;生产过程中发生的水土流失防治费用,从生产费用中列支。

(二)水土保持监督

水土保持监督应涵盖以下内容:

第一,国务院水行政主管部门建立水土保持监测网络,对全国水土流失动态进行监测预报,并予以公告。

第二,县级以上地方人民政府水行政主管部门的水土保持监督人员,有权对本辖区的水土流失及其防治情况进行现场检查。被检查单位和个人必须如实报告情况,提供必要的工作条件。

第三,地区之间发生的水土流失防治的纠纷,应当协商解决;协商不成的,由上一级人民政府处理。

(三)法律责任

《中华人民共和国水土保持法》将以下行为认定为应予以处罚的行为:

第一,在禁止开垦的陡坡地开垦种植农作物的,由县级人民政府水行政主管部门责令停止开垦、采取补救措施,可以处以罚款。

第二,企业事业单位、农业集体经济组织未经县级人民政府水行政主管部门批准,擅自开垦禁止开垦坡度以下、五度以上的荒坡地的,由县级人民政府水行政主管部门责令停止开垦、采取补救措施,可以处以罚款。

第三,在县级以上地方人民政府划定的崩塌滑坡危险区、泥石流易发区范围内取土、挖砂或者采石的,由县级以上地方人民政府水行政主管部门责令停止上述违法行为、采取补救措施,处以罚款。

第四,在林区采伐林木,不采取水土保持措施,造成严重水土流失的,由水行政主管部门报请县级以上人民政府决定责令限期改正、采取补救措施，处以罚款。

第五，企业事业单位在建设和生产过程中造成水土流失，不进行治理的，可以根据所造成的危害后果处以罚款，或者责令停业治理；对有关责任人员由其所在单位或者上级主管机关给予行政处分。罚款由县级人民政府水行政主管部门报请县级人民政府决定。责令停业治理由市、县人民政府决定；中央或者省级人民政府直接管辖的企业事业单位的停业治理，须报请国务院或者省级人民政府批准。个体采矿造成水土流失，不进行治理的，按照前两款的规定处罚。

第六，以暴力、威胁方法阻碍水土保持监督人员依法执行职务的，依法追究刑事责任；拒绝、阻碍水土保持监督人员执行职务未使用暴力、威胁方法的，由公安机关依照治安管理处罚法的规定处罚。

第七，当事人对行政处罚决定不服的，可以在接到处罚通知之日起十五日内向做出处罚决定的机关的上一级机关申请复议；当事人也可以在接到处罚通知之日起十五日内直接向人民法院起诉。复议机关应当在接到复议申请之日起六十日内做出复议决定。当事人对复议决定不服的，可以在接到复议决定之日起十五日内向人民法院起诉。复议机关逾期不做出复议决定的，当事人可以在复议期满之日起十五日内向人民法院起诉。当事人逾期不申请复议也不向人民法院起诉、又不履行处罚决定的，做出处罚决定的机关可以申请人民法院强制执行。

第八，造成水土流失危害的，有责任排除危害，并对直接受到损害的单位和个人赔偿损失。赔偿责任和赔偿金额的纠纷，可以根据当事人的请求，由水行政主管部门处理；当事人对处理决定不服的，可以向人民法院起诉。当事人也可以直接向人民法院起诉。由于不可抗拒的自然灾害，并经及时采取合理措施，仍然不能避免造成水土流失危害的，免予承担责任。

第九，水土保持监督人员玩忽职守、滥用职权给公共财产、国家和人民利益造成损失的，由其所在单位或者上级主管机关给予行政处分；构成犯罪的，依法追究刑事责任。

三、水土保持方案编报审批规定

为了加强水土保持方案编制、申报、审批的管理，根据《中华人民共和国水土保持法》《中华人民共和国水土保持法实施条例》和国家发改委、水利部、国家环境保护总局发布的《开发建设项目水土保持方案管理办法》，水利部于 1995 年 5 月 30 日发布了《开发建设项目水土保持方案编报审批管理规定》（水利部令第 5 号），根据 2005 年 7 月 8 日《水利部关于修改部分水利行政许可规章的决定》第一次修正，根据 2017 年 12 月 22 日《水利部关于废止和修改部分规章的决定》第二次修正，该规定共十六条，自发布之日起施行。主要规定如下：

第一，凡从事有可能造成水土流失的开发建设单位和个人，必须编报水土保持方案。其中，审批制项目，在报送可行性研究报告前完成水土保持方案报批手续；核准制项目，在提交项目申请报告前完成水土保持方案报批手续；备案制项目，在办理备案手续后、项目开工前完成水土保持方案报批手续。经批准的水土保持方案应当纳入下阶段设计文件中。

第二，水土保持方案分为"水土保持方案报告书"和"水土保持方案报告表"。凡征占地面积在一公顷以上或者挖填土石方总量在一万立方米以上的开发建设项目，应当编报水土保持方案报告书；其他开发建设项目应当编报水土保持方案报告表。水土保持方案报告书、水土保持方案报告表的内容和格式应当符合《开发建设项目水土保持方案技术规范》和有关规定。

第三，水土保持方案的编报工作由开发建设单位或者个人负责。具体编制水土保持方案的单位和人员，应当具有相应的技术能力和业务水平，并由有关行业组织实施管理，具体管理办法由该行业组织制定。

第四，编制水土保持方案所需费用应当根据编制工作量确定，并纳入项目前期费用。

第五，水土保持方案经过水行政主管部门审查批准，开发建设项目方可开工建设。

第六，水行政主管部门审批水土保持方案实行分级审批制度，县级以上地方人民政府水行政主管部门审批的水土保持方案，应报上一级人民政府水行政主管部门备案。中央立项，且征占地面积在50公顷以上或者挖填土石方总量在50万立方米以上的开发建设项目或者限额以上技术改造项目，水土保持方案报告书由国务院水行政主管部门审批。中央立项，征占地面积不足50公顷且挖填土石方总量不足50万立方米的开发建设项目，水土保持方案报告书由省级水行政主管部门审批。地方立项的开发建设项目和限额以下技术改造项目，水土保持方案报告书由相应级别的水行政主管部门审批。水土保持方案报告表由开发建设项目所在地县级水行政主管部门审批。跨地区的项目水土保持方案，报上一级水行政主管部门审批。

第七，开发建设单位或者个人要求审批水土保持方案的，应当向有审批权的水行政主管部门提交书面申请和水土保持方案报告书或者水土保持方案报告表各一式三份。有审批权的水行政主管部门受理申请后，应当依据有关法律、法规和技术规范组织审查，或者委托有关机构进行技术评审。水行政主管部门应当自受理水土保持方案报告书审批申请之日起二十日内，或者应当自受理水土保持方案报告表审批申请之日起十日内，做出审查决定。但是，技术评审时间除外。对于特殊性质或者特大型开发建设项目的水土保持方案报告书，二十日内不能做出审查决定的，经本行政机关负责人批准，可以延长十日，并应当将延长期限的理由告知申请单位或者个人。

第八，经审批的项目，如性质、规模、建设地点等发生变化时，项目单位或个人应及时修改水土保持方案，并按照本规定的程序报原批准单位审批。

第九，项目单位必须严格按照水行政主管部门批准的水土保持方案进行设计、施工。项目工程竣工验收时，必须由水行政主管部门同时验收水土保持设施。水土保持设施验收不合格的，项目工程不得投产使用。

第十，水土保持方案未经审批擅自开工建设或者进行施工准备的，由县级以上人民政府水行政主管部门责令停止违法行为，采取补救措施。当事人从事非经营活动的，可以处一千元以下罚款；当事人从事经营活动，有违法所得的，可以处违法所得三倍以下罚款，但是最高不得超过三万元；没有违法所得的，可以处一万元以下罚款，法律、法规另有规定的除外。

第十一，地方人民政府根据当地实际情况设立的水土保持机构，可行使本规定中水行政主管部门的职权。

第四章　水利建设工程项目组织管理

第一节　现代水利建设工程施工的组织设计

工程项目组织常指工程项目组织管理模式、组织结构。工程项目组织管理模式常指工程项目组织实施的模式,反映了工程项目建设参与方之间的生产关系,包括有关各方之间的经济法律关系和工作(或协作)关系。工程项目组织结构常指工程项目参与方为实施工程项目按一定领导体制、部门设置、层次划分、职责分工、规章制度和信息系统等构成的有机整体。工程项目组织是为完成一次性、独特性的任务设立的,是一种临时性的组织,在项目结束以后项目组织的生命就终结了。

一、项目组织设计的内涵

项目组织设计是一项复杂的工作,因为影响因素多、变化快导致项目组织设计的难度大,所以在进行项目组织设计工作的过程中,应从多方面进行考虑①。

(一)从项目环境的层次分析

从项目环境的层次来分析,项目组织设计必须考虑有一些与项目利益相关者的关系是项目经理所不能改变的,如贷款协议、合资协议等。对于设计单位、咨询单位和施工单位等委托的项目实施单位,项目经理必须有能力对它们进行控制和协调,进行界面管理;对项目管理来说,重要的是项目中组织和管理关系。

(二)从项目管理组织的层次分析

从项目管理组织的层次来分析,对于成功的项目管理来说,以下三点是至关重要的:

---

①李京文.水利工程管理发展战略[M].北京:方志出版社,2016.

第一,项目经理的授权和定位问题,即项目经理在企业组织中的地位和被授予的权力如何;第二,项目经理和其他控制项目资源的职能经理之间良好的工作关系;第三,一些职能部门的人员,如果也为项目服务时,即要竖向地向职能经理汇报,同时也能横向地向各项目经理汇报。

(三)从项目管理协调的层次分析

从项目管理协调的层次来分析,在项目组织设计中,对于项目实施组织的设计主要立足于项目的目标和项目实施的特点。

二、项目组织设计的主要依据

(一)项目组织的目标

项目组织是为达到项目目标而有意设计的系统,项目组织的目标实际上就是要实现项目的目标,即投资、进度和质量。为了形成一个科学合理的项目组织设计,应尽量使项目组织目标贴和项目目标。

(二)项目分解结构

项目分解结构是为了将项目分解成可以管理和控制的工作单元,从而能够更为容易也更为准确地确定这些单元的成本和进度,同时明确定义其质量的要求。更进一步讲,每一个工作单元都是项目的具体目标"任务",它包括五个方面的要素:第一,工作任务的过程或内容;第二,工作任务的承担者;第三,工作的对象;第四,完成工作任务所需的时间;第五,完成工作任务所需的资源。

三、项目组织设计的内容

在项目系统中,最为重要的就是所有项目有关方和他们为实现项目目标所进行的活动。所以,项目组织设计的主要内容就包括项目系统内的组织结构和工作流程的设计。

(一)组织结构设计

项目的组织结构主要是指项目是如何组成的,项目各组成部分之间由于其内在的技术或组织联系而构成一个项目系统。影响组织结构的因素很多,其内部和外部的各种变化因素发生变化,会引起组织结构形式的变化,但是主要还是取决于生产力的水平和技术的进步。组织结构的设置还受组织规模的影响,组织规模越大、专业化程度越高,分权程度也越高。组织所采取的战略不同,组织结构的模式也会不同,组织战略的改变必然会导致组织结构模式的改变;组织结构还会受到组织环境等因素的影响。

(二)组织分工设计

组织规划是指根据项目的目标和任务,确定相应的组织结构,对组织结构中的部门进行划分并确定这些部门的职能,这些部门之间要有机地相互联系与协调,共同为实现项目目标各司其职且相互协作。

组织分工包括对工作管理任务分工和管理职能分工。

(1)管理职能分工是通过对管理者管理任务的划分,明确其管理过程中的责权意识,有利于形成高效精干的组织机构。

(2)管理任务分工是项目组织设计文件的一个重要组成部分,在进行管理任务分工前,应结合项目的特点,对项目实施的各阶段费用控制、进度控制、质量控制、信息管理和组织协调等管理任务进行分解,以充分掌握项目各部分细节信息,同时有利于在项目进展过程中的结构调整。因为管理任务分解可以将整个项目划分成可以进行管理的较小部分,同时确定工作内容和工作流程;自上而下地将总体目标划分成一些具体的任务,划分不同单元的相应职责,由不同的组织单元来完成,并将工作与组织结构相联系,形成责任矩阵;同时针对较小单元,进一步对时间、资金和资源等做出估计;为计划、预算、进度安排和成本控制提供共同的基础结构。

(三)组织流程设计

组织流程主要包括管理工作流程、信息流程和物质流程。管理工作流程,主要是指对一些具体的工作如设计工作、施工作业等的管理流程。信息流程是指组织信息在组织内部传递的过程。信息流程的设计,就是将项目系统内各工作单元和组织单元的信息渠道,其内部流动着的各种业务信息,目标信息和逻辑关系等作为对象,确定在项目组织内的信息流动的方向,交流渠道的组成和信息流动的层次。在进行组织流程设计的过程中,应明确设计重点,并且要附有流程图。流程图应按需要逐层细化,如投资控制流程可按建设程序细化为初步设计阶段投资控制流程图和施工阶段投资控制流程图等。按照不同的参建方,他们各自的组织流程也不同。

第二节 业主方组织管理

一、小浪底建设管理局的组织管理

(一)组织机构

小浪底建设管理局作为小浪底水利枢纽工程的项目业主,全面负责小浪底水利枢纽工程的筹资、建设、生产经营、偿还和保值增值,对工程建设和运行管理的全过程负责。小浪底建设管理局内设11个职能处室,下设小浪底水利枢纽工程咨询有限公司、小浪底水利工程有限公司、小浪底旅游公司、小浪底水力发电厂、小浪底移民局5个二级单位,还设有西霞院项目部、小浪底郑州生产调度中心项目部2个项目管理部,以及退休人员管理处、综合服务中心、小浪底建设管理局驻北京联络处3个后勤服务单位。

作为小浪底水利枢纽工程项目的业主,为实现业主的各项职责、权利和义务,建立了按职能划分部门的项目管理的组织结构①。

(二)各方职责

小浪底建设管理局组织机构中各部门及其职责如表4-1所示。

表4-1 小浪底建设管理局组织机构中各部门及其职责

部门	职责
办公室	协助局长处理日常工作;协调局内外关系;负责文秘、档案工作;负责向局长传递各方信息
人事处	负责职工管理;负责干部的提名聘免与日常管理;负责安全生产管理;负责工资奖金分配;负责职工人身保险
计划合同处	负责编制基建投资计划;负责编制基建投资统计表;负责工程招标和合同管理;负责工程核算
财务处	负责财务管理、会计核算;负责筹资及资金结算
物资处	负责业主指定材料供应管理;负责业主指定材料价格调查
机电处	负责枢纽永久机电设备招标、合同谈判、监造与管理;负责承包人施工设备及枢纽永久设备进出口及关税管理
外事处	负责涉外事务管理

①刘长军.水利工程项目管理[M].北京:中国环境出版社,2013.

续表

部门	职责
水电管理处	负责工程建设供电、供水和通信服务
移民局	负责施工区征地移民;负责库区移民及遗留问题处理
工程资源环境处	负责施工区内资源环境管理;协调同周边地区关系

为了实现“建设一流工程,总结一流经验,教养一流人才”的总体目标,在建设过程中,经过多次调整理顺生产关系,确立了业主在建设管理中的主导作用。

小浪底水利枢纽工程实行业主负责制,经济责任、技术责任都落在小浪底建设管理局身上。这种建设各方关系的转变,使业主能够站在驾驭全局的高度统筹考虑技术和经济问题,从而做出技术上可行,经济上合理的决策。

(三)业主的主要管理工作

1.业主对工程投资和资金的管理

小浪底水利枢纽工程建设投资由国家拨款和银行贷款两部分组成。银行贷款分为国内银行贷款和国外银行贷款。国外银行贷款包括国际商业银行贷款和世界银行贷款。小浪底水利枢纽工程总投资由国家计委审批,依据基本建设管理程序,1997 年对初设概算进行调整。按照基本建设计划管理程序,小浪底建设管理局于上年末报下一年度投资计划,经水利部和国家计委分别审批并下达下一年度计划,当年下半年调整当年计划,经上述审批程序下达执行。拨款不足时用国内银行贷款补充。世界银行贷款根据贷款协议的规定,符合支付程序规定时,从世界银行直接划拨。

第一,在总概算的框架内制定分项、单项概算;各年根据施工总进度计划、年度施工进度计划,对年内建设项目及其实施时间进行安排。通过上述工作控制年度投资总量及投资的时间分布,实现均衡投资。

第二,小浪底水利枢纽工程资金支付依据合同规定的价款结算程序进行。合同价款结算实行专业审核,分级把关。专业审核是指业主和工程师的各相关职能部门根据其在国际标合同管理中的作用,分别审核项目支付的有关内容:包括计量、审核 BOQ 项目、计日工、变更和索赔、调差及关税补偿。分级把关是指工程师和业主相关部门对工程师开具的支付证书逐级进行审查、签认。在完成承包人申报、工程师和业主审核程序后,业主财务部门办理支付。

2.业主对工程技术和质量的管理

业主对工程技术和质量的管理包括以下内容:

第一,小浪底水利枢纽工程技术和质量管理由业主负总责。业主负责组织项目设计、监理或委托科研项目。业主咨询机构研究重大技术问题，业主进行决策。小浪底水利枢纽工程采用先进技术标准指导和检验工程施工，应用新技术、新材料提高工程质量。

第二，小浪底建设管理局针对小浪底水利枢纽工程的特点，制定并严格执行与国际标准接轨的各项质量管理规章制度。小浪底建设管理局主要领导亲自抓质量管理工作。业主牵头组织设计、监理、施工等参建各方质量负责人组成小浪底水利枢纽工程建设质量管理委员会，建立质量管理网络，推进质量宣传活动和质量评比活动，决定质量奖罚，对参建各方质量体系进行检查和评价。

第三，咨询公司建立以总监理工程师为中心、各工程师代表部分工负责的质量监控体系，对工程施工质量实施全过程、全方位的监管。黄委会设计院小浪底分院常驻工地，为质量控制提供现场技术支持。承包人建立自己的质量管理体系，按合同规范进行施工。水利部小浪底水利枢纽工程质监站对业主的质量管理体系及运行情况进行监督和检查；对监理单位和承包人的质量管理体系及特殊执业人员的资格进行检查和监督；对关键隐蔽工程、重要分部工程、单位工程验收及质量评定情况进行监督、检查和审核，确保其符合国家有关质量管理工作的规定。

第四，小浪底水利枢纽工程建设技术委员会及CIPM/CCPI的咨询专家组，对重大技术问题、质量问题、合同问题进行咨询。

3.业主对工程建设监理工作的管理

业主对工程建设监理工作的管理包括以下方面：

第一，监理工程师的组建。1992年水利部批准成立小浪底水利枢纽工程建设咨询公司，承担小浪底水利枢纽工程项目的监理工作。后更名为“小浪底水利枢纽工程咨询有限公司”。当时国内没有现成的监理队伍可供选择，完全由业主自己组建又没有足够的工程技术人员，所以，小浪底水利枢纽工程监理队伍采取一部分人员从业主中抽调，另一部分人员从设计施工单位选聘，两部分人员全部由小浪底水利枢纽工程咨询公司管理和领导的办法。

1993年，小浪底咨询公司以小浪底建设管理局的名义向有关单位发出了《关于选聘工程师代表的邀请函》，先后有六个设计施工单位应邀。经过对各单位报送的监理大纲和推荐的工程师代表人选进行认真审查和初步考察，并经业主同意后，决定选择西北勘测设计院作为大坝标的施工监理单位，天津勘测设计院承担泄洪系统标的施工监理任务，黄委设计院和建管局的部分人员承担厂房标的施工监理工作，并由小浪底咨询公司作为厂房标监理的责任方。

小浪底咨询公司还组建了试验室（后改为质量检测中心）、原型观测室和测量计量部，分别负责枢纽工程的土工、混凝土质量检测，以及原型观测和外部变形观测等咨询任务。

这三个部门的责任方均为小浪底咨询公司,一部分由业主抽调的人员组成,另一部分从其他相关单位聘请。

随着工程的进展,小浪底咨询公司组建了机电标工程师代表部,负责机电设备的安装监理工作。业主委托小浪底咨询公司承担小浪底水利枢纽工程项目的监理任务。小浪底咨询公司实行总经理(兼任总监理工程师)负责制,总监理工程师直接领导各个标的代表,并授权根据合同文件由工程师代表负责对各标实行监理。

第二,监理组织机构的设置和职责。小浪底水利枢纽工程咨询公司根据工程分标的情况,相应组建了大坝、泄洪、厂房和机电 4 个工程师代表部,并设置了相应的专业部门分别对技术、合同、测量、原型观测、试验室等进行专业管理。工程师代表部是合同管理的综合权力部门,在总监理工程师的授权范围内直接监督承包人工程合同的实施,专业技术管理部门处理合同中有关专业方面的问题,对专业课题所做的结论由工程师代表部实施。

第三,业主对监理的授权。小浪底建设管理局与小浪底水利枢纽工程咨询有限公司签订了小浪底水利枢纽工程施工监理服务协议,授权小浪底水利枢纽工程咨询有限公司全面负责小浪底枢纽工程的所有工程项目的施工监理、枢纽工程的原型观测和外部变形观测、土工和混凝土质量检测等咨询任务。

在施工监理服务协议书中,明确了由工程师全过程、全方位全面负责工程施工合同的管理,除了分包商批准、重大设计变更和外部条件协调由业主负责外,其他均授权工程师负责操作。对合同中的进度控制、质量控制、合同支付、索赔处理及工程师决定等,都由工程师独立做出。在施工监理服务协议书中,对监理工程师的职责、工作任务、权力和合同责任均做出具体规定。

4.业主对移民安置管理

小浪底水利枢纽工程移民项目实行“水利部领导、业主管理、两省包干负责、县为基础”的管理体制。由于项目利用世界银行贷款,按照世界银行采购指南的规定,项目的实施须接受世界银行相关机构的监督。

第一,水利部作为小浪底水利枢纽工程的主管单位,负责制定和发布有关小浪底水利枢纽工程移民的规章、条令;审定概算并报国家计委批准,就工程实施中的重大问题与国务院各部委及两省政府进行协商,与两省政府签订包干协议并履行本部门的职责。

第二,小浪底建设管理局是移民项目的建设管理单位,下设小浪底移民局负责移民项目的日常管理工作,委托黄委设计院负责项目的勘测设计;委托华北水利水电学院移民监理事务所负责项目的监测评估。河南、山西两省移民主管部门代表两省政府组织实施小浪底移民搬迁安置和淹没处理事项。

第三,按照基本建设项目实行建设监理制的要求,小浪底水利枢纽工程移民项目在全国大中型水库移民项目实施中率先引入监理机制。小浪底建设管理局委托黄委移民局负责监理工作。监理单位实行总监理工程师负责制，下设现场工作站，对移民搬迁安置、专项工程建设、移民资金到位等实行全面监理。高峰时期，监理人员总数达到36人。监理单位通常以工作简报、监理月报的形式向业主单位、两省移民部门报告情况。

二、南水北调工程项目法人组织的组织管理

到目前为止，南水北调工程东线工程设立的项目法人有南水北调东线江苏水源有限责任公司和南水北调东线山东干线有限责任公司；中线工程设立的项目法人有南水北调中线水源有限责任公司和南水北调中线干线建设管理局。

（一）南水北调东线江苏水源有限责任公司

根据国务院南水北调工程建设委员会发〔2004〕3号文《关于南水北调东线江苏境内工程项目法人组建有关问题的批复》，南水北调东线江苏水源有限责任公司是由国家和江苏省共同出资设立的有限责任公司，作为项目法人承担南水北调东线一期工程江苏省境内工程的建设和运行管理任务。承担国有资产保值增值责任，对投资企业行使国有资产出资人职能。

1.公司职责

根据省政府批复和公司章程，在南水北调东线工程建设期间，公司主要承担工程建设管理和建成工程供水经营业务。东线建成后，公司负责江苏境内南水北调工程的供水经营业务，从事相关水产品的开发经营。

2.内设机构

根据公司职责及近期需要，公司内设综合部、计划发展部、工程建设部、财务审计部、资产运营部五个职能部门。设立总工程师和总经济师岗位。其组织结构如表4-2所示。

表4-2　内设机构

机构名称	主要职责
综合部	负责组织协调、拟定公司内部规章制度和管理办法，承担公司重要事项的督办查办工作
	负责会议组织、文秘管理、档案管理、信息宣传、机构组建、党群人事、教育培训信访保卫及精神文明建设工作
	负责公司后勤保障等日常事务
计划发展部	负责研究拟定公司发展战略和规划
	负责工程设计管理、计划管理、投资控制管理和科研管理
	负责工程项目建设评价工作

续表

机构名称	主要职责
工程建设部	负责组建和管理现场建设管理单位负责年度建设方案的编制和组织实施
	负责工程建设的招标管理工作
	负责工程建设质量、安全、进度的技术工作
	负责工程建设安全生产和文明工地管理工作
	负责组织单项工程验收工作
	配合做好征地拆迁和移民安置工作等
财务审计部	负责协调、落实工程建设资金的筹集、管理和使用
	负责组织拟定年度工程建设资金预算
	负责工程建设资金支付及公司日常财务管理工作
	负责公司财务收支内部审计工作
资产运营部	负责公司资产的保值增值,研究拟定公司运营管理策略和运行机制
	负责完建工程的验收、管理和维护工作
	负责制订水量调配方案、供水计划和计量测定
	负责工程成本核算和供水水价方案的研究

(二)南水北调东线山东干线有限责任公司

2004 年 12 月 30 日,南水北调东线山东干线有限责任公司成立,作为东线一期工程的项目法人,中央在山东境内东线工程的投资在建设期内将其委托给山东省管理。山东干线有限责任公司是山东省境内南水北调工程建设有关方针、政策、措施和其他重大问题的指挥机构,负责境内南水北调工程建设的统一指挥、组织协调,督导沿线各级政府及有关部门积极做好辖区内的南水北调相关工作,特别是做好征地、拆迁、施工环境保障、文物保护、南水北调方针政策宣传等工作,确保南水北调工程的顺利进行。

(三)南水北调中线水源有限责任公司

中线水源公司是水利部于 2004 年 8 月按照政企分开、政事分开、政资分开的原则组建的,下设综合、计划、财务、工程、环境与移民五个部门及陶岔分公司。中线水源公司作为南水北调中线水源工程建设的项目法人,负责丹江口的大坝加高、陶岔枢纽和水库移民等工程建设、管理工作。

(四)南水北调中线干线建设管理局

南水北调中线干线工程建设管理局于 2004 年 7 月 13 日经国务院南水北调工程建设委员会办公室批准正式成立。中线干线工程建设管理局是负责南水北调中线干线工程建设和管理，履行工程项目法人职责的国有大型企业，按照国家批准的南水北调中线干线工程初步设计和投资计划，在国务院南水北调工程建设委员会办公室的领导和监管下，依法经营，照章纳税，维护国家利益，自主进行南水北调中线干线工程建设及运行管理和各项经营活动。

1.中线干线工程建设管理局主要职责

贯彻落实国务院南水北调工程建设委员会的方针政策和重大决策，执行国家及南水北调工程建设管理的法律法规，对中线干线工程的投资、质量、进度、安全负责；负责中线干线工程建设计划和资金的落实与管理；负责中线干线工程建设的组织实施；负责组织中线干线工程合同项目的验收；负责为中线干线工程建成后的运行管理创造条件；负责协调工程项目的外部关系，协助地方政府做好移民征地和环境保护工作。转为运行管理后，负责中线干线工程的运营、还贷、资产保值增值等。

2.内设机构

中线建管局内设综合管理部、计划合同部、工程建设部、人力资源部、财务资产部、工程技术部、机电物资部、移民环保局、审计部、党群工作部和信息中心等 11 个职能部门。设立总工程师和总经济师岗位。

第一，综合管理部职责。负责归口管理南水北调中线干线工程建设管理局行政事务；负责局长办公会和局内重要活动、会议的组织与协调；负责全局政务的综合协调、督办和检查；负责文秘、公文处理、综合信息和档案管理；负责机要保密和信访工作；负责法律事务工作；负责机关事务管理和办公基地建设管理；负责办公机动车辆使用的归口管理；负责局内外接待和外部公共关系的联络、协调；负责安全保卫工作和社会治安综合治理工作；负责新闻宣传联络和对外发布新闻。内设：综合处、秘书处、法律事务处、新闻中心、保卫处及档案馆等。

第二，计划合同部职责。负责制订计划、统计、合同和招标等方面的管理办法；负责组织制订工程建设期总体和分年度的投融资计划；负责工程项目投资控制以及价格指数、价差管理和工程预备费的管理以及提出价格指数建议；负责建立统计信息管理体系，编制、汇总和上报有关统计报表；负责组织或参与编制初步设计报告并报批，参与项目的前期工作；负责建立招投标管理体系，组织工程项目的招标管理工作，负责工程建设合同管理，组织合同的评审、谈判及签订等；负责工程价款结算和重大合同变更的核定和管理；参与单项工程验收工程阶段性验收、工程竣工验收和竣工决算工作；负责项目的建设评价工作；负责组织制订所属各单位年度生产经营计划和经济责任制，并监督落实和考核。内设综合处、计划统计处、合同与造价管理处及招标管理处（招标中心）等。

第三，工程建设部职责。负责组织南水北调中线干线工程建设的实施管理工作，组织编制工程管理、进度、质量、安全等管理办法;负责组建和归口管理直属工程项目部;负责组织对工程项目建设管理机构的建设管理行为和监理单位的监理管理行为进行监督检查;参与工程建设的招标工作,监督工程合同的执行和管理;负责合同内工程量确认和合同变更的审查;负责建立质量安全管理体系,监督管理工程建设质量和安全生产工作;负责工程进度和工程施工信息管理工作;负责对工程建设所需主要材料的质量监控;组织制订、上报在建工程安全度汛方案,并督促检查落实;组织对工程施工中的重大施工技术问题进行研究;负责对工程施工所形成档案资料的收集、整理、归档工作进行监督、检查;负责组织编制工程建设验收计划和工程竣工验收报告;负责组织或参与单项工程竣工验收工作,组织工程阶段性验收、工程竣工验收的准备工作;负责完建工程的接受和运行准备工作。内设:综合处、工程管理处、合同管理处、质量安全处、建设监理管理处及运行筹备处等。

第四,人力资源部职责。负责组织机构设置与工作岗位分析,制订编制、岗位和定员方案,负责人力资源的配置与管理工作;负责人事、劳动工资、职工福利等方面相关规定的制定与实施;制定员工考核、奖惩、晋升等有关管理办法,并负责日常管理工作;制定人才开发战略,负责职工教育培训和技术职称评审的管理工作;负责职工养老保险、医疗保险、失业保险、工伤保险及女工生育保险的建立与管理;指导监督二级单位的人事与劳动工资工作;协助生产管理部门指导监督安全生产,做好职工的劳动保护工作;负责人事档案的管理工作;负责退休职工的管理工作;负责出国人员政审工作。内设:人事处、劳动工资处及社会保险处等。

第五,财务资产部职责。负责制定财务管理、会计核算和资金预算管理办法,组织财务管理和会计核算工作;负责编制年度建设资金预算;负责工程建设资金的筹集、管理、使用和监督检查;负责办理工程价款的结算及支付;负责资产的价值形态管理和局本部机关部门经费预算及日常财务的管理;负责会计核算并按月、季度编制会计报表,按年度编制会计决算报表,归口对外提供相关信息资料;参与工程项目概算、预算的审查及决算编制的组织工作;参与工程项目招标文件、项目变更合同的审查及单项工程验收、工程阶段性验收和工程竣工验收工作;参与经济责任制的制定和考核工作;负责财务人员的管理和后续教育工作。内设:综合处、财务处、会计处及资产处等。

第六,工程技术部职责。负责南水北调中线干线工程建设的前期工作和技术管理工作,制定工程实施阶段的勘测、设计、科研的有关规定和要求;负责组织对招标设计阶段技术方案、工程量、分标方案的审定,参与招投标工作,参与可行性研究阶段设计文件的审查、评估,参与或负责初步设计阶段设计文件的审查;负责组织或参与初步设计阶段和工程实施阶段重大技术问题的研究;负责组织编制工程技术标准和规定(包括质量控制标准和要求),并监督执行;负责组织对施工图阶段设计文件的质量管理,参与实施阶段较大工程技术问题的处理;负责科研项目的管理和科技成果的推广应用;负责“四新成果”和专利等科技成果的归口归档管理;负责国际合作与技术交流的有关事宜;负责技术专家的组织管理工作;参与单项工程验收、工程阶段性验收和工程竣工验收。内设综合处及前期工作与科研处技术处等处室。

第七,机电物资部职责。负责组织制定机电、物资、设备等管理办法;负责编报机电、物资招投标计划,负责管理机电、电力、通信、控制等设备的技术、设计、招标工作;负责监督、协调、管理机电设备的采购、监造、交付、安装、调试和验收工作,负责机电设备监理和机电设备安全的管理工作;负责和监督工程建设所需主要材料的招标管理和供应管理工作,建立主要材料的全过程质量保证体系;负责机电、物资计划和统计报表工作,负责所属单位设备购置的审批;负责固定资产实物形态的管理。内设机电设备处及物资管理处等处室。

第八,移民环保局职责。负责组织调查核实工程占地实物指标,审查移民安置规划;编制、上报移民安置、土地征用和环境保护工作计划,监督、检查计划执行和资金使用情况,协调移民搬迁安置过程中的有关问题;负责办理工程占地的土地征用手续,协助地方有关部门办理移民安置土地征用手续;负责管理、协调工程项目区环境保护、水土保持和生态建设工作,并负责监督、检查或组织相关工程的招标工作;负责协调工程影响区文物保护工作,并进行监督、检查;负责委托征地补偿移民安置、环境保护、水土保持及文物处理的监理、监评、补充设计移民安置效果评估工作;协调、配合工程的移民、环境保护、水土保持和文物保护验收;负责有关信息的收集、整理和统计、上报工作,协助地方做好移民环保方面的政策宣传和信访工作。内设规划计划处和征地移民处两个处室。

第九,审计部职责。负责单位内部审计工作,监督检查遵守国家法律法规、执行上级决策的情况;依法对工程建设资金、专项资金、经费支出、经济活动、国有资产使用情况进行审计监督;对大宗物资的采购以及工程招标活动的全过程进行监督检查;对干部任期内经济责任的履行和部门、单位内部控制制度执行的有效性进行审计评价。内设审计一处及审计二处两个处室。

第十,党群工作部职责。负责党的路线、方针政策宣传工作;负责党的组织建设工作和党员的发展、教育和管理工作;负责党风廉政建设及查处党员、干部违反党纪、政纪案件,按照有关规定对领导干部实行监督;纠正部门、单位不正之风;负责精神文明建设、企业文化建设工作;指导机关共青团组织的工作;负责机关职工代表大会的组织及日常工作,组织职工依法参与民主管理和民主监督,协调劳动关系,维护职工合法权益;受局党组委托,检查和指导局属各单位的党务、工会、共青团及妇女工作,开展相关活动。内设机关党委、纪检监察室及机关工会等处室。

第十一,信息中心职责。制订近期和远期信息技术的应用与发展规划;负责信息系统的设计、开发和维护工作;参与签订并负责管理与信息技术有关的合同;负责员工的信息技术培训;负责建立和维护自动化办公体系。

第三节　承包方组织管理

一、小浪底承包人现场组织管理

黄河小浪底水利枢纽工程三个国际土建标工程规模都较大,中标联营体将部分项目以工程分包、劳务分包的形式分包给外国公司和中国公司,在施工现场形成了业主发包、中标承包人分包或再分包的“中、外、中”“中、外、外、中”的合同链。由于业主与承包人,承包人与分包商国别不同,思想观念、文化背景、施工经验、管理水平上的差异很大,给工程建设管理带来极大困难。小浪底水利枢纽工程除了具有科学的业主项目管理组织结构,现场各承包人的组织结构设置也较为全面,避免了许多误解,同时也较好地解决了施工过程中的诸多问题。下面以二标承包人的现场机构为例进行说明。

(一)承包人的组织机构

二标承包人的现场组织机构中,现场设项目经理,项目经理下设商务、合同、安全、质量、施工、技术、费用控制等部门。

商务管理机构下设当地和外籍人员人事部、仓库、计算机中心和学校、医院、食堂、超级市场及俱乐部等机构。商务经理主要负责人员的雇佣和管理,设备、材料的订购和运输,与银行有关的事务,后勤管理等。实现了对项目外部事件或单位进行协调及协调工作责任人①。

(二)内部各部门的职责

1.技术部的主要职责

技术部的主要职责包括:第一,保存和管理施工图纸;第二,在生产部门的配合下准备“施工方法说明”;第三,准备合同进度计划并随工程进展不断更新;控制现场的施工进度

①张基尧.水利水电工程项目管理理论与实践[M].北京:中国电力出版社,2008.

并向工地经理汇报可能引起延误的各种不利因素。

2.合同部的主要职责

合同部的主要职责包括：第一，就工程条件的变化和变更向工程师提出索赔意向，负责索赔的日常管理及索赔文件的准备；第二，负责工程计量和月支付；第三，负责管理分包商。同时针对项目管理的各参与方，如业主、承包人、分包商、设计机构等进行协调。

3.费用控制部的主要职责

费用控制部的主要职责是收集各部门、各施工项目每月的实际花费和成本，并与当月的实际收入和当月的原计划目标相比较，将比较结果递交现场经理和行政经理及总部，由高层管理人员采取相应措施控制工地的成本与支出，实现投资控制协调。

4.设备部的主要职责

设备部的主要职责是负责现场所需要设备的安装、运行，负责机械的修理和维护以及生产所需的水、电、气等生产系统的提供和运行等。

5.特别工作组的主要职责

特别工作组是在出现较大技术问题、合同问题或进度问题时，而临时组织的一种特殊机构。随着工作的进展和重点转移，承包人的现场组织机构随工程进展进行调整。例如，二标承包人前期的开挖量大，又有混凝土工作，故在施工部下又分为开挖和混凝土两个部，在开挖工作基本结束后，大部分是混凝土工作，承包人又将下设部门变为施工部统管。小浪底水利枢纽工程二标承包人根据合同工程的特点和员工生活需要，在现场设立了庞大的管理组织机构，实现了项目班子内部协调、项目系统内部协调和项目系统外部协调。

二、南水北调工程承包人现场组织管理

南水北调工程规模巨大，已开工建设的东线、中线工程标段多、参建施工承包人众多。下面以中线京石段S6标中标承包人为例，对其现场组织管理进行分析。

（一）承包人的组织机构

中线京石段S6标承包人中标后即组建了“渠道S6标段施工项目经理部”。承包人总部作为项目经理部人员、设备、技术、资金调配的坚强后盾，根据工程施工的需要，及时组织各种资源的供应。同时，总部对现场项目经理部及工程实施实行指导、监督与控制。总部在法律和经济责任等方面承担连带责任。

项目经理部作为项目独立的主体，对工程项目合同义务、责任、权利负责，在保质量、保工期、创信誉的情况下，完成本项目的施工。

项目经理部设项目经理1人、副经理2人、总工程师1人，下设施工管理机构和施工作

业处、队(厂)。

(二)内部各部门的职责

1.项目部决策层的职责

项目部决策层的组成包括三个职务,即项目经理、总工程师、项目副经理,担任以上职务人员均需具备相应资质和经验。项目经理对本合同工程的施工质量、进度、安全负全面责任,并直接向发包人和工程局负责。

项目副经理主要负责项目施工组织、生产管理、进度控制等,并定期主持召开生产会议,协助项目经理处理日常工作。总工程师主要负责项目施工技术管理工作,主持制订工程总体施工技术方案、施工总进度计划、质量计划、重大施工技术措施及质量、安全技术措施等。

2.项目部管理层的职责

项目部管理层由工程局范围内抽调有经验的技术和管理人员组成,管理层设置8个部门,管理分工如表4-3所示:

表4-3 项目部管理层部门及职责

部门	职责
工程技术部	负责工程施工技术方案、技术措施、作业指导书、施工总进度计划的编制并组织实施
	负责技术文件、资料、图纸的收发、收集、归档
	负责与设计、监理部门进行沟通
施工管理部	负责工程施工的组织协调,解决施工中存在的问题,并进行安全管理,进行施工安全教育、部署、检查等管理工作
经营合同部	负责合同、预算、定额、结算、索赔管理,并根据合同文件及现场施工情况进行经济分析
劳资财务部	负责人力资源、劳动工资、财务管理及会计核算的工作
质量管理部	按"三整合"的管理要求和有关技术规范要求对工程施工过程进行质量监控、工序验收及签证工作,严格执行"三检制",并做好检验记录
物资设备部	负责工程所需的设备材料的采购和保管,严格按质检文件中规定的程序检查和验收,保存好合格文件
综合办公室	负责项目部文件、资料的收集、整理、发放工作,协助项目经理做好日常事务工作
测量队和试验室	测量队配合技术部,进行工程控制网点复核、施工放样测量、原始地形和完工面貌资料整理等。试验室配合质量管理部进行土工、混凝土、原材料等试验、检验,并负责监测仪器安装、观测及资料整理等

3.施工处(队)职责分工

施工处(队)及其职责分工如表4-4所示。

表 4-4　施工处(队)及其职责分工

施工处(队)	职责
施工机械处	承担全部土方工程施工及机械设备日常保养、维修,小型易损零件更换等
土建一处	承担渠道交叉建筑(包括排水倒虹吸及分水口)所有土建工程施工
土建三处	承担所有渠道衬砌及防护工程施工
金结施工队	承担金属结构、启闭设备、机电设备埋件制造安装、调试等
桥梁施工队	承担桥梁工程施工
道路施工队	承担路面工程、房屋建筑、砌筑工程、监测设备安装等项目施工
综合加工厂	承担钢筋、木材、模板及小型金结构件加工
混凝土拌和站	承担各类混凝土拌制,砂石料堆存

第四节　监理咨询方组织管理

一、小浪底水利枢纽工程监理组织管理

小浪底水利枢纽工程自 1991 年前期工程开工伊始,小浪底水利枢纽工程咨询有限公司便受项目业主——水利部小浪底建设管理局委托,承担了全面监理工作。依据 FIDIC 条款,在工程建设监理"三控制、两管理、一协调"全方位与国际接轨方面做了有益的探索和尝试。为实现"建设一流工程,培养一流人才,总结一流经验"做了不懈的努力。

(一)小浪底监理组织

根据工程分标,小浪底咨询有限公司按 FIDIC 条款相应组建了四个工程师代表部。任命了代表和副代表(相当于项目总监理工程师),建立了一系列岗位职责与制度,对大坝、泄洪、地下发电设施、机电安装四个标段的工程进度、质量、投资依据合同条款和技术规范,进行严格控制和管理。

各标代表(总监理工程师)主持制订各标段的监理规划,并审核批准专业工程师制订的监理实施细则,按 FIDIC 条款要求,有条不紊开展监理业务。现场工程师日夜三班全过程、全天候旁站监理,巡回检查,材料及半成品的检验,基础处理,土工试验,联合测量,模板、钢筋检查,仓面验收,混凝土浇筑,开挖支护,锚索、灌浆、填筑等。小浪底咨询有限公司对每一道工序、每一个环节都层层把关,严格验收,把事故隐患消灭在萌芽状态,工程进度、价款支付都得到有效控制。同时,还设置了相应专业部门对技术、合同、测量、原观、试验等进行专业管理,成立了前方总值班室,对现场施工各标之间,与业主有关部门水、电、

路等进行总体协调,密切掌握施工动态,通过各种现场协调会议(由于在前方总值班室白色房子召开,外国承包人戏称为“白宫会议”)及时解决了一系列施工中遇到的干扰、困难等难题。通过前方值班简报每日反馈给项目业主、咨询公司领导和有关各代表部及职能部门。

(二)总监负责制

小浪底咨询有限公司总监负责制主要从以下几个方面入手:

第一,协助业主搞好招标工作与合同管理,力争早日介入招标工作以利于合同管理。

第二,编好合同文件,熟知合同规定,恪守合同准则。

第三,强化合同意识,用正确的指导思想管理合同。

第四,确定工程项目组织和监理组织系统,制定监理工作方针和基本工作流程。

第五,确定监理各部门负责人员,并决定其任务和分工,建立完善的岗位责任制。

第六,必须在现场对承包人进行监督管理并设置长期、稳定的现场管理机构。

第七,主持制订工程项目建设监理规划,并全面组织实施。

第八,及时对工程实施的有关工作做出决策。如计划审批、工程变更、事故处理、合同争议、工程索赔、实施方案、意外风险等;在处理合同问题时,尤其要及时协调,快速决策。

第九,审核并签署开工令、停工令、复工令、支付证书、竣工资料、监理文件和报告等。

第十,定期、不定期向本公司报告监理情况。

第十一,以公司在工程项目的代表身份,与业主、承包单位、政府监督部门有关单位沟通,按规定时间向业主提交工程监理报告。

二、广州抽水蓄能电站工程组织建设监理

广州抽水蓄能电站工程是水电建设最早实行建设监理制的项目之一。工程监理成建制聘请,通过招标选择并与之签订监理合同。根据公司授权,工程监理常驻工地对工程施工质量、进度、安全实施全面的监督管理。工程监理不仅监理施工,也要监理设计,工程设计图纸经监理审核后才能交付施工,监理还参与设计施工方案的优化。为使工程监理充分发挥作用,联营公司在监理合同授权范围内,对监理给予充分的信任和坚决的支持,并为监理提供一切必要的工作条件和后勤保障。这些措施加快了工程进度;确保了工程质量与安全;维护了双方的利益,节约了投资。

(1)广州抽水蓄能电站工程监理机构设置原则采取总工程师负责制,一正两副。各部实行部长负责制,一正一副;内部实行三级管理,内部人员要求一专多能,一人多用;机构设置和人员配备必须适应现场情况的变化和工作需要(不搞形式主义,机构不能臃肿,不

能人浮于事,层次要少,办事效率要高,不能拖拉)。

(2)其人员组成在施工和机电安装高峰时,全部人员约 80 人,其中专业人员 65 人(土建专业人员 42 人,机电专业人员 23 人),高级工程师 18 人,工程师 20 人,助理工程师 27 人。在年龄结构上,中青年占 2/3。

第五章　水利建设工程项目的环境保护管理分析

第一节　水利建设工程水土保持规划

一、水土保持规划的内涵

（一）水土保持规划的概念

水土保持规划是根据土壤侵蚀状况、自然社会经济条件，应用水土保持原理、生态学原理及经济规律，制定的水土保持综合治理开发的总体部署和实施安排，旨在防止水土流失，做好国土整治，合理开发和利用水土及生物资源，改善生态环境，促进农林牧及经济发展。

水土保持规划的基本任务是根据国民经济的建设方针、国家规定的水土保持发展目标、各方面对水土保持的需求，以及规划范围内的条件和特点，按照自然规律和社会经济规律，提出一定时期内预防、监督、治理、开发的方向和任务，以及需要采取的主要防治措施和分期实施步骤，据此来安排水土保持计划，指导水土保持工作的开展。

《中华人民共和国水土保持法》规定，国务院和县级以上人民政府的水行政主管部门，应当在调查评价水土资源的基础上，会同有关部门编制水土保持规划，并须经同级人民政府批准；同时规定，县级以上人民政府应当将水土保持规划确定的任务，纳入国民经济和社会发展计划，安排专项资金，组织实施。水土保持规划的修改必须经原批准机关批准，从法律上确立了水土保持规划的地位。

根据规划的区域范围大小，水土保持规划可分为大面积总体规划和小面积实施规划两类。大面积总体规划是指大、中流域或省、地、县级的规划，面积几千、几万到几十万平方千米。其主要任务是在水土流失综合调查基础上，按照水土保持区划原则划分出若干不同的水土流失类型区，根据国民经济发展的要求和各类型区的自然、社会及经济情况和优势,分别拟定出水土保持综合治理开发方向及模式,确定治理目标和主要水土保持措施及治理进度,做出生态效益、经济效益和社会效益的科学预测。小面积实施规划是指小流域或乡、村级的规划,面积几个到几十平方千米。其主要任务是:根据大面积总体规划提出的方向和要求,以及当地农村经济发展实际,合理调整土地利用结构和农村产业结构,具体地确定农林牧生产用地的比例和位置,针对水土流失特点,因地制宜地配置各项水土保持防治措施,提出各项措施的技术要求,分析各项措施所需的劳工、物资和经费,在规划期内安排好治理进度,预测规划实施后的效益,提出保证规划实施的措施。

总之,水土保持规划是合理开发利用水土资源的主要依据,也是农业生产区划和国土整治规划的重要组成部分。其作用是为了指导水土保持实践,使控制水土流失和水土保持工作按照自然规律和社会经济规律进行,避免盲目性,达到多快好省的目的①。

(二)水土保持规划的指导思想

水土保持规划的指导思想包括以下三点:

第一,水土保持规划的编制,应当遵循国家社会发展和经济建设的基本方针和政策,贯彻"预防为主、全面规划、综合防治、因地制宜、加强管理、注重效益"的水土保持方针,并执行水土保持有关法规。

第二,水土保持规划应与国家和地区的经济社会发展规划、土地利用规划、生态建设规划、环境保护规划等相适应,与有关部门发展规划相协调,做到工程措施、生物措施和农业技术措施相结合,治理、生态修复、预防保护与开发利用相结合,经济效益、社会效益和生态效益相结合。

第三,水土保持规划的编制应采用新理论、新技术和新方法,重视和加强调查研究,不断提高规划的质量与水平。

(三)水土保持规划的原则

水土保持规划应遵循以下四个基本原则:

一是全面规划,综合防治。对规划区内的水土保持进行全面规划,规划内容包括预防保护、监督管理、综合治理、监测监控、科技示范等,不能成为单一的治理规划。

二是因地制宜,科学配置。要尊重自然的地带性规律,治理措施要因地制宜,林草品种要适地适树(草),生物措施、工程措施与蓄水保土耕作措施要科学配置。

三是近期效益与远期效益相结合。规划中既要考虑眼前、近期的效益,同时又要考虑

---

①余明辉.水土流失与水土保持[M].北京:中国水利水电出版社,2013.

中长期效益,保持效益的持久性。

四是创新机制,多元化创新。在投资筹措上要公益机制、市场机制相结合,国家、地方、群众相结合,分步组织实施步骤。

(四)水土保持规划的内容

根据《水土保持规划编制规程》(SL 335—2014)规定,水土保持规划的内容一般包括:①开展综合调查和资料的整理分析;②研究规划区水土流失状况、成因和规律;③划分水土流失类型区;④拟定水土流失防治目标、指导思想、原则;⑤因地制宜地提出防治措施;⑥拟定规划实施进度,明确近期安排;⑦估算规划实施所需投资;⑧预测规划实施后的综合效益并进行经济评价;⑨提出规划实施的组织管理措施。

(五)水土保持规划的步骤

水土保持规划的主要工作包括以下步骤:

1.资料的收集与调查

资料的收集与调查是水土保持规划的第一阶段。资料收集是水土保持规划的重要前期工作内容,主要是根据规划范围大小收集相应比例尺的地形图、航空照片、土地利用现状图、植被图、土壤图、土壤侵蚀图、坡度图等相关图件;收集水文、气象、地质、地貌、土壤、植被、主要河流特征及线状的报告和数据;收集有关社会经济、水土流失及治理的资料。对收集的资料进行分析整理,不足的进行补充调查。调查的内容包括:自然条件调查,着重调查地形、降雨、土壤(地面组成物质)、植被四项主要因素以及温度、风、霜等其他农业气象。自然资源调查,着重调查土地资源、水资源、生物资源、光热资源、矿藏资源等。社会经济调查着重调查人口、劳力、土地利用、农村各业生产、粮食与经济收入(总量和人均量)、燃料、饲料、肥料情况、群众生活、人畜饮水情况等。水土流失情况调查着重调查各类水土流失形态的分布、数量(面积)、程度(侵蚀量)、危害(对当地和下游)、原因(自然因素与人为因素)。水土保持现状调查,着重调查各项治理措施的数量、质量、效益、开展水土保持的发展过程和经验、教训。

2.水土保持区划

水土保持区划是水土保持规划的第二阶段。在大面积总体规划中,必须有此项内容和程序。根据规划范围内不同地区的自然条件、社会经济情况和水土流失特点,划分若干不同的类型区,各分区分别提出不同的土地利用规划和防治措施布局。

3.编制土地利用规划

编制土地利用规划是水土保持规划的第三阶段。根据规划范围内土地利用现状与土地利用资源评价，考虑人口发展情况与农业生产水平、发展商品经济与提高人民生活的需要，研究确定农村各业用地和其他用地的数量和位置，作为部署各项水土保持措施的基础。

4.防治措施规划

防治措施规划是水土保持规划的第四阶段。要根据不同利用土地上不同水土流失的特点，分别采取不同的防治措施。对林地、草地等流失轻微但有潜在危险（坡度在15°以上）的，采取预防为主的保护措施；在大面积规划中对大片林区、草原和在大规模开矿、修路等开发建设项目地区，应分别列为重点防护区与重点监督区，加强预防保护工作，防止产生新的水土流失。对有轻度以上土壤侵蚀的坡耕地、荒地、沟壑和风沙区，分别采取相应的治理措施，控制水土流失，并利用水土资源发展农村经济。小面积规划中各项防治措施，以小流域为单元进行部署，各类土地利用和相应的防治措施，都应落实到地块上，以利于实施。

5.分析技术经济指标

分析技术经济指标是水土保持规划的第五阶段，包括投入指标、进度指标、效益指标三个方面。三项指标相互关联。根据投入确定进度，根据进度确定效益。

6.规划成果整理

规划成果整理是水土保持规划的第六阶段，包括规划报告、附表、附图、附件等四项。大面积总体规划与小面积实施规划的成果大部分有共同要求，但也有所差异。规划报告一般包括：①基本情况：自然条件、自然资源、社会经济、水土流失、水土保持概况等；②规划布局：指导思想与防治原则、水土保持分区、土地利用规划、治理措施规划；③技术经济指标；④保证规划实施的措施。附表包括：①基本情况表；②水土流失与水土保持现状表；③农、林、牧等土地利用现状与规划表；④水土保持主要治理措施现状与规划表；⑤水土保持土石方工程量表；⑥水土保持规划经济技术指标表；⑦水土保持效益与预测表。

二、水土保持分区与治理措施的总体布局

（一）水土保持分区与水土流失的类型区

1.水土保持分区

在综合调查的基础上，根据水土流失的类型、强度和主要治理方向，进行水土流失重点防治分区，确定规划范围内的水土保持重点预防保护区、重点监督区和重点治理区，提出分区的防治对策和主要措施，并论述各区的位置、范围、面积、水土流失现状等。在实际规划中，对于已进行“三区”划分，并进行了政府公告的地区，应利用已有的水土保持分区

成果,可不重新划分,但应根据规划要求与新的变化,进行比较详细的调查与补充有关资料①。

第一,重点预防保护区。对大面积的森林、草原和连片已治理的成果,列为重点预防保护区,制订、实施防止破坏林草植被的规划和管护措施。重点防护区分为国家、省、县三级。跨省(自治区)且天然林区和草原面积超过 1000km^{2}的列为国家级;跨县(市)且天然林区和草原面积大于 100km^{2}的列为省级;县域境内万亩以上或集中治理 10km^{2}以上的为县级,规划应根据涉及的范围划分相应的重点防护区。各级重点防护区设置相应职能机构,与各部门加强联系,搞好协调,发动群众,制订规划,开展预防保护工作。重点保护区应对防护的内容、面积进行详细调查,对主要树种、森林覆盖率、林草覆盖率等指标进行普查并填表登记。

第二,重点监督区。对资源开发和基本建设规模较大,破坏地貌植被造成严重水土流失的地区,列为重点监督区,要求有关单位编制《水土保持方案》,并与主体工程实行“三同时”制度,依法对《水土保持方案》的实施进行监督检查。重点监督区分为国家、省、县三级。在具有潜在水土流失的跨省(直辖市)区域,城市建设、采矿、修路、建厂、勘探等生产建设活动开发密度大,集中连片面积在 10 000km^{2}以上,破坏地表与植被面积占区内总面积的 10%以上,列为国家级重点监督区;集中连片面积在 1000km^{2}以上,破坏地表与植被面积占区内总面积的 10%以上的跨县(市)区域列为省级重点监督区;开发建设集中连片面积在 100km^{2}以上,破坏地表与植被面积占区内总面积的 10%以上区域列为县级重点监督区。对单个资源开发点,每年废弃物堆放量大于 10 万 t 的,应列入重点监督点。重点监督区应对资源开发、基本建设处数和规模、可能增加水土流失量进行详细普查,填表登记。

第三,重点治理区。水土流失严重、对国民经济与河流生态环境、水资源利用有较大影响的地区列为重点治理区。对规划区既定的预防保护区、监督区和治理区(三区)的基本情况分别加以叙述并突出各自的特点。预防保护区重点叙述预防保护的内容是综合治理的成果、大面积的森林、草原植被。森林、草原植被着重叙述植被的分布、组成、覆盖等状况,综合治理的成果应叙述各项治理措施的面积、质量、竣工年限以及投入状况等。重点治理区应叙述重点治理的范围、区内的水土流失类型、强度和分布等。

2.水土流失的类型区

(1)水土流失类型区划分的标准。水土保持规划应根据项目区内的水土流失特点,进行水土流失类型区的划分。在水土保持综合调查的基础上,根据规划范围内各地不同的自然条件、自然资源、社会经济和水土流失特点,将水土流失类型、强度相同或相近的划分

①赵启光.水利工程施工与管理[M].郑州:黄河水利出版社,2011.

为同一水土流失类型区,以便指导规划与实施。全国性或大江大河规划水土流失类型区的一级区应与目前的分区保持基本一致,亚区应保持县级行政区的完整性;县级规划水土流失类型区一级区应保持乡(镇)界线的完整性,亚区应保持村级界线的完整性。

(2)水土流失类型区划分的原则。水土流失类型区的划分原则为:同一类型区内,各地的自然条件、自然资源、社会经济、水土流失特点应有明显的相似性,其人口密度、人均耕地、土地利用现状、农业生产发展方向应基本一致;同一类型区内各地的生产发展方向和防治措施布局应基本一致;同一区域内水土流失类型、分布、流失强度和可能的发展趋势基本一致;同一类型区必须集中连片,应适当照顾行政区划的完整性。

(3)水土流失类型区划分的方法。水土流失类型区划分可采取常规区划法和数值区划法进行。常规区划法的方法和步骤如下:

第一,收集资料。收集与分析有关资料,包括水土流失、自然资料(气候水文、地质地貌、土壤植被等)、社会经济和水土保持区划成果资料。

第二,分区方法。认真分析区划资料,找出影响分区的主要因子,采取主导因素法划分水土流失类型区。

第三,地貌类型作为划分水土流失类型区的主导因子,同一水土流失类型区地貌类型应基本相同。

第四,同一水土流失类型区的水土流失类型与强度要基本一致。

第五,同一水土流失类型区的社会经济条件应基本相似,并适当照顾各级区划界限,行政界线和流域界限。

根据主导因子分区方法,首先划分全县的水土流失类型区,各类型区内如需要继续划分亚区,可根据分区方法再进一步划分。要求提出各类型区的界限、范围、面积、行政区划,以及各类型区的自然条件、自然资源、社会经济情况、水土流失特点等。分区的命名采取三段式命名法,即水土流失类型区的所处位置+地貌类型+水土流失强度。水土流失类型分区结果,可以指导水土保持重点预防保护区、重点监督区和重点治理区的划分。

(二)水土保持措施的总体布局

水土保持措施应根据规划单元范围内的生产发展方向和土地利用规划,具体确定治理措施的种类和数量、平面布局、建设规模和进度,以大流域、支流、省、地、县为单元进行的区域性水土保持规划,除进行面上宏观的调查研究外,还必须在每个类型区选取若干条有代表性的小流域进行典型规划,点面结合,最后编制各种类型区及整个规划单元的规划。以小流域为单元进行的规划,则应以乡、村等为单元提出治理措施的种类、数量、平面布置、建设规模和治理进度。综合治理措施配置即在土地利用规划基础上(土地利用规划时也要兼顾各种措施实施的可能性和数量及布局)，根据各地类的自然条件、水土流失状况、土地利用现状，配置相应的水土保持措施，并应根据各地类的土壤侵蚀危害大小，治理的难易及工作量大小，受益快慢，治理措施间相互关系，及上一节提到的人力、物力、财力投入，初步安排水土保持的林草措施、工程措施、蓄水保土耕作措施，并综合平衡考虑其实施顺序、进度等。

水土保持措施总体布局原则和方法如下：

第一，根据规划范围内划定的不同水土流失类型区土地利用结构调整确定的各业用地比例，参照土地利用结构调整时考虑的原则与需要采取的水土保持措施，分别落实各项治理措施，并突出每个类型区的治理特点。

第二，治理措施落实的基本原则是在不同的土地类型上分别配置相应的治理措施：在宜农的坡耕地上配置梯田与保土耕作措施；在宜林宜牧的荒山荒坡上配置林草措施；根据需要在上述治理措施中配置小型水利水保工程，以便最大限度地控制水土流失与主体措施的稳固；在各类沟道配置各项治沟措施，做到治坡与治沟、工程与林草紧密结合，综合治理。

第三，综合治理规划应以大江大河为骨干，以县为单位，划分水土流失类型区，并落实各项水土保持措施。

三、水土保持综合防治规划

依据类型区水土流失的特点及开发利用效益确定其实施顺序，特别是对国民经济和生态环境有重大影响的大江大河中上游地区及老少边贫地区，水土流失的重点治理区可优先进行水土保持综合防治。

(一)水土流失治理措施

水土流失治理措施具体有坡改梯、水保林、经济果木、种草、封禁治理、坡面水系及沟道治理工程等八大措施，可进一步归纳为工程措施、植物措施以及保土耕作措施三大类。

1.工程措施

工程措施包括坡改梯工程、坡面小型水保工程以及沟道工程等。

第一，坡改梯包括土坎梯田、石坎梯田和土石混合坎梯田。改造坡耕地，建设基本农田是拦蓄径流，控制水土流失，保证农业增产的最有效措施，同时也是实现土地合理利用，促进农、林、牧各业协调发展的重要基础条件。

第二，坡面小型水保工程为在坡面上进行坡改梯、造林、种草的同时，须配套小型水利水保设施，采取截水沟、排洪沟、蓄水池、引水渠、沉沙池等，构成从坡顶到坡脚的蓄、引、排系统，不仅可改善灌排条件，提高粮食果品产量和林草的产出率，还可保护坡面主体措施、防治水土流失。

第三，沟道工程包括沟头防护、谷坊、拦沙坝等，以拦蓄泥沙，控制沟底下切、沟头前进和沟岸扩张等。有条件的地方修建蓄水塘、坝，用以灌溉农田。沟道工程应根据"坡沟兼治"的原则在搞好集水区水土保持规划的基础上，落实从沟头到沟口，从支沟到干沟的治理工程；分别提出沟头防护、谷坊、淤地坝、治沟骨干工程、小水库（塘坝）工程和崩岗治理等沟道工程规划。坡面小型水保工程与沟道工程在实施中要根据沟道地质地貌与水资源条件，按照工程目的进行设计，规划阶段只根据类型区典型小流域设计的定额合理确定各类工程的数量。

2.植物措施

植物措施是开展水土流失综合治理的关键措施之一，也是控制水土流失，改善生态环境，解决"三料"不足，促进农、林、牧、渔各业协调发展，提高土地生产力，体现因地制宜原则的重要途径。在荒山荒坡和退耕坡地上，根据需要和可能，营造用材林、经济林、防护林与种草，实行乔、灌、草相结合，形成多层次、高密度的防护体系。在原有植被较稀疏的地方，充分利用各地区水热资源条件，实行封育管护，迅速恢复植被。在风沙地区，采取防风固沙林、草方格、沙障等植物措施与其他工程措施配套，可以有效地防治风沙侵蚀。

3.保土耕作措施

保土耕作措施是在坡度不大的坡耕地中，采取一套耕犁整地、培肥改土、栽种等高植物、轮作间种和自然免耕等保土耕作措施，既能通过耕作逐渐减缓坡度，又可充分利用光、热和作物种植时间、空间，达到拦沙、蓄水、保土、保肥、增加农作物产量的目的。保土耕作措施是在坡耕地全部控制水土流失之前，通过实施各种农业耕作措施来进行治理水土流失。

以长江中上游地区水土保持综合治理措施为例。长江中上游地区是我国的重要生态屏障，其水土流失状况和生态质量对长江中上游地区、长江流域乃至全国的经济社会可持续发展影响重大。至 20 世纪 80 年代，尤其是全国第四次水土保持工作会议以后，长江地区水土保持工作重现生机。从 1989 年起，我国在长江中上游的金沙江下游及毕节地区、嘉陵江中下游、陇南陕南地区、三峡库区等四大片区实施了水土流失综合治理工程（"长治"工程）。以小流域为单元的综合治理，以坡改梯为重点的基本农田建设，水库集雨区和荒山荒坡的治理开发，为水土保持工作的蓬勃开展提供了丰富经验。调查、规划、科研等基础工作逐步加强。同时，在不同水土流失类型区开展了小流域治理试点，为大面积治理提供了科学依据。据 2010 年统计，"长治"工程实施 20 年来，长江流域水土流失面积减少 15%，首次实现由增到减的历史性转变，但长江中上游生态环境十分脆弱的局面还没有根本性改观,全流域还有近 50 万 km^2 水土流失面积还没有得到根本治理。

(二)预防监督与监测规划

1.预防保护规划

按照前面叙述的预防保护的条件,根据预防保护的对象、重要性及潜在水土流失的强度确定预防保护规划的原则,再划定预防保护规划的范围。通过对预防保护区的调查,进行规划,说明通过预防保护措施应达到防止水土流失发生与发展的目标与措施。规划内容包括:第一,预防保护区的位置、范围、数量;第二,预防保护区初期的人口、植被组成、森林覆盖率、林草覆盖率、水土保持现状以及期末应控制或达到的目标;第三,为实现预防保护的目标应落实的技术性与政策性措施,包括制定相关的规章制度、明确管理机构、水土保持"三区"公告发布以及采取的封禁管护、抚育更新、监督、监测等具体措施。

2.监督管理规划

按照前面叙述的重点监督区的划分条件,通过对规划区进行调查,确定重点监督区,并进行规划,说明对开发建设项目和其他人为不合理活动实行监督管理,防治人为造成水土流失的目标。

监督管理规划的主要内容包括三个方面:第一,规划区内重点监督区域及项目的名称、位置、范围;第二,重点监督区初期的人口、水土流失与水土保持现状、土壤侵蚀量、开发建设项目和其他人为不合理活动的数量、人为水土流失造成的危害等,同时说明期末应控制或达到的目标;第三,为实现重点监督目标应落实的技术性与政策性措施,包括针对监督区指定的相关规章制度、明确管理机构、水土保持"三区"公告发布以及说明水土保持方案的编制,与"三同时"制度、监督、监测、管理等措施的具体规划。

3.水土保持监测网络规划

水土流失监测是水土流失预防、监督和治理工作的基础,为国家和地方各级政府决策提供可靠的科学依据,所以,根据《中华人民共和国水土保持法》和实施条例的要求,设立各级水土保持监测机构。在目前各地监测网络建设还不太完善的情况下,应对水土保持监测网络进行专门规划。水土保持监测网络规划内容应包括以下三个方面:第一,监测站网名称、布设、数量及分期建设进度;第二,说明监测网络的运行、维护及管理机制与责任者;第三,说明水土流失因子观测,水土流失量的测定,水土流失灾害及水土保持效益监测的内容与观测要点等。

(三)土地利用结构调整

土地利用规划的主要任务是根据社会经济发展计划和水土保持规划的要求,结合区域内的自然生态和社会经济具体条件,寻求符合区域特点和土地资源利用效益最大化要求的土地利用优化体系。土地利用结构是土地利用系统的核心内容,结构决定功能。土地利用结构调整应根据国民经济发展的需要和区域的社会、经济与生态条件,在区域发展战略指导下,因地制宜地加以合理组织并作为土地利用空间布局的基础和依据。土地利用结构的实质是国民经济各部门用地面积的数量比例关系。土地利用规划的核心内容就是资源约束条件下寻求最优的土地利用结构。

综上所述,土地利用规划应遵循以下原则:第一,充分运用当地已有的土地利用规划,按水土流失防治的要求对其不足部分加以补充纳入水土保持规划;第二,对规划区内土地资源进行评价,作为确定农村各业用地的依据;第三,在当地社会经济发展规划的指导下,以市场经济为导向,研究确定农村经济与生产发展方向;第四,针对不同的水土流失类型应分别进行土地利用结构的调整。

1.各业用地规划

各业用地规划确定农、林、牧、副各业用地和其他用地的面积、比例,对原来利用不合理的土地有计划进行调整,使之既符合发展生产的需要,又符合保水保土的要求。根据划分的水土流失类型区,分区确定农村各业用地的比例。

第一,农业用地。对现有农业用地,作为水土保持规划,原则上要将25°以下的坡耕地改造为梯坪地,以提高粮食产量,促进陡坡耕地退耕还林、还草,同时,现有梯地中的一部分可改造为梯田,大幅度提高粮食产量;部分地区耕地资源丰富、人均耕地面积较大的可以考虑只将25°以下的部分坡耕地改造为梯坪地,以提高林草植被的覆盖率。对现有25°以上(部分地区坡度要低些)的陡坡耕地退耕还林还草;少数立地条件极差、人口密度大、25°以上陡坡耕地一时退耕有困难的地区,可采取异地搬迁或粮食补贴等措施促进退耕。农地需要数量,即为满足粮食与其他农作物基本需求而必需的基本农田,估算方法可参考相关教材。

第二,林业用地面积的确定。水土保持林业用地,包括人工种植水土保持林、经果林、薪炭林,以及进行封禁治理的天然林,规划中各有不同的要求。水土保持林业用地,主要布设在水土流失比较严重的荒山荒坡、沟坡或沟底等在土地资源评价中等级较低的土地。各水土流失类型区流失程度均不相同,土地利用现状也相差悬殊,规划应因地制宜地安排各林业用地面积。经果林是十分重要的水土保持开发措施之一。经果林的规划主要应根据市场的需求量,选择适合当地条件的优良品种,在立地条件较好的坡耕地与荒山荒坡上发展。经果林用地的比例应根据现状与市场的发展做出合理的安排,可参照农业部门的经果林规划或小流域典型设计确定的比例。除经果林用地之外，适宜营造水土保持林、薪炭林或采取封禁治理措施的水土流失地均可规划为林业用地。封禁治理是对现有疏幼林草通过有效的管护、抚育与补植迅速恢复与保护植被的一项措施，并不改变原有植被类型。水土保持林与薪炭林的用地比例，除考虑需求现状外，应根据小流域典型设计做出合理安排。

第三，牧业用地规划。牧业用地应包括人工草地、天然草地和天然牧场，规划中各有不同要求。人工草地主要布设在土壤比较瘠薄、水土流失比较严重的退耕地或荒坡，在水土资源评价中也属较低等级。为了满足畜牧业的需要，人工种草应该有足够的面积，特别在天然草场不能满足发展畜牧业的情况下，一般要求以草定畜，规划时要求每一个羊单位有至少 $0.07hm^2$ 的人工草地。如经规划仍不能满足畜牧业对饲草的需求，应对畜牧业发展与草地的保护做出说明。

第四，其他用地。其他用地包括村庄、房屋、道路等。随着市场经济和第三产业的发展，规划实施期内村庄、房屋、道路等用地面积将不断增加，规划中应合理安排。

第五，改造土地和保护土地。针对规划范围内原有低等级土地不能利用或不能做高等级土地利用的，经过水土保持措施加工改造，提高利用等级，规划中应明确其面积、措施和利用等级变化前后的安排。在进行此项工作时，对其技术上的可行性和经济上的合理性应做科学的论证。规划范围内原有坡耕地由于水土流失严重，出现“石化”“砂砾化”，有被迫弃耕危险的规划中应提出“抢救”措施，要求加快治理，避免“石化”“砂砾化”的产生。规划范围内原土地由于沟头前进、风沙推进、崩岗发展等有破坏土地资源危险的，规划中应提出专项防治措施，防止土地遭受破坏。对因开矿、修路、基建工程的废土、弃石、矿渣等占用土地，应做水土保持方案，进行土地复垦规划，以提高土地利用率，防止新的水土流失发生。

2. 土地利用结构调整

根据农村各业用地分析中确定的各业用地的需求与比例要求，对土地利用结构进行调整，凡现有土地级别不能满足需求的，需通过水土保持措施进行改造。

土地利用结构调整时，其调整配置顺序如下：

第一，首先确定居民点、城镇、工矿、交通、基本建设发展可能占用的土地面积和类型。根据目前水土流失速度可能增加的难利用地面积与类型。

第二，满足上级指定完成的产品对土地利用的需求。

第三，保证自给的项目优先安排。

第四,强度以上水土流失的土地如何利用要以水土保持规划部门的方案为主,并按照一定的措施要求,对土地加以改造与保护,以不加剧水土流失为目的。

第五,经济效益高的优先配置。

第六,同一利用方式中,适宜性的配置顺序依次为:最适宜、比较适宜与经水土保持后适宜,直到土地利用现状各类用地调整到合理为止。

按照上述配置顺序,以区域整体经济效益、水土保持效益和生态效益最优为条件,制订土地利用结构调整规划。

第二节　水利建设项目环境保护要求

一、环境保护法律法规体系

目前,我国建立了由法律、国务院行政法规、政府部门规章、地方性法规和地方政府规章、环境标准、环境保护国际条约组成的较完整的环境保护法律法规体系①。

(一)法律

1.宪法

环境保护法律法规体系以《中华人民共和国宪法》中对环境保护的规定为基础,1982年通过的《中华人民共和国宪法》在2004年修正案第九条第二款规定:国家保障资源的合理利用,保护珍贵的动物和植物。禁止任何组织或者个人用任何手段侵占或者破坏自然资源。第二十六条第一款规定:国家保护和改善生活环境和生态环境,防治污染和其他公害。《中华人民共和国宪法》中的这些规定是环境保护立法的依据和指导原则。

2.环境保护法律

包括环境保护综合法、环境保护单行法和环境保护相关法。环境保护综合法是指1989年颁布的《中华人民共和国环境保护法》,该法共有六章四十七条,内容框架如表5-1所示。

---

①雷健英.浅谈水利工程建设与环境保护[J].建筑工程技术与设计,2018,(17):4823.

表 5-1 《中华人民共和国环境保护法》内容框架

章目	内容提要
第一章　总则	规定了环境保护的任务、对象、适用领域、基本原则以及环境监督管理体制
第二章　环境监督管理	规定了环境标准制订的权限、程序和实施要求、环境监测的管理和状况公报的发布、环境保护规划的拟订及建设项目环境影响评价制度、现场检查制度及跨地区环境问题的解决原则
第三章　保护和改善环境	对环境保护责任制、资源保护区、自然资源开发利用、农业环境保护、海洋环境保护做出规定
第四章　防治环境污染和其他公害	规定了排污单位防治污染的基本要求、"三同时"制度、排污申报制度、排污收费制度、限期治理制度以及禁止污染转嫁和环境应急的规定
第五章　法律责任	规定了违反本法有关规定的法律责任
第六章　附则	规定了国内法与国际法的关系

环境保护单行法包括,污染防治法:《中华人民共和国水污染防治法》《中华人民共和国大气污染防治法》《中华人民共和国固体废物污染环境防治法》《中华人民共和国环境噪声污染防治法》《中华人民共和国放射性污染防治法》等;生态保护法:《中华人民共和国水土保持法》《中华人民共和国野生动物保护法》《中华人民共和国防沙治沙法》等;《中华人民共和国海洋环境保护法》和《中华人民共和国环境影响评价法》。

环境保护相关法是指一些自然资源保护和其他有关部门法律,如《中华人民共和国森林法》《中华人民共和国草原法》《中华人民共和国渔业法》《中华人民共和国矿产资源法》《中华人民共和国水法》《中华人民共和国清洁生产促进法》和《中华人民共和国节约能源法》等。这些环境保护相关法都涉及环境保护的有关要求,也是环境保护法律法规体系的一部分。

(二)环境保护行政法规

环境保护行政法规是由国务院制定并公布或经国务院批准有关主管部门公布的环境保护规范性文件。一是根据法律受权制定的环境保护法的实施细则或条例,如《中华人民共和国水污染防治法实施细则》;二是针对环境保护的某个领域而制定的条例、规定和办法,如《建设项目环境保护管理条例》等。

(三)政府部门规章

政府部门规章是指国务院环境保护行政主管部门单独发布或与国务院有关部门联合发布的环境保护规范性文件,以及政府其他有关行政主管部门依法制定的环境保护规范性文件。政府部门规章是以环境保护法律和行政法规为依据而制定的,或者是针对某些尚未有相应法律和行政法规调整的领域做出相应规定。

(四)环境保护地方性法规和地方性规章

环境保护地方性法规和地方性规章是享有立法权的地方权力机关和地方政府机关依据《宪法》和相关法律制定的环境保护规范性文件。这些环境保护规范性文件是根据本地实际情况和特定环境问题制定的,并在本地区实施,有较强的可操作性。环境保护地方性法规和地方性规章不能和法律、国务院行政规章相抵触,如《山东省环境保护条例》等。

(五)环境标准

环境标准是环境保护法律法规体系的一个组成部分,是环境执法和环境管理工作的技术依据。我国的环境标准分为国家环境标准和地方环境标准,如《建筑施工场界噪声限制标准》(GB 12523—2011)等。

(六)环境保护国际公约

环境保护国际公约是指我国缔结和参加的环境保护国际公约、条约和议定书。国际公约与我国环境法有不同规定时,优先适用国际公约的规定,但我国声明保留的条款除外。

(七)环境保护法律法规体系中各层次间的关系

《宪法》是环境保护法律法规体系建立的依据和基础,法律层次不管是环境保护的综合法、单行法还是相关法,其中对环境保护的要求,法律效力是一样的。如果法律规定中有不一致的地方,应遵循后法大于先法。

国务院环境保护行政法规的法律地位仅次于法律。部门行政规章、地方环境法规和地方政府规章均不得违背法律和行政法规的规定。地方法规和地方政府规章只在制定法规、规章的辖区内有效。

我国的环境保护法律法规如与参加和签署的国际公约有不同规定时,应优先适用国际公约的规定。但我国声明保留的条款除外。

二、《中华人民共和国环境保护法》的要求

(一)对污染环境项目建设的要求

建设污染环境项目,必须遵守国家有关建设项目环境保护管理的规定。建设项目的

环境影响报告书,必须对建设项目产生的污染和对环境的影响做出评价,规定防治措施,经项目主管部门预审并依照规定的程序报环境保护行政主管部门批准。环境影响报告书经批准后,计划部门方可批准建设项目设计书。

(二)对开发利用自然资源的要求

开发利用自然资源,必须采取措施保护生态环境。

(三)对建设项目中防治污染的要求

建设项目中防治污染必须遵守以下要求:

第一,建设项目中防治污染的措施,必须与主体工程同时设计、同时施工、同时投产使用。防治污染的设施必须经原审批环境影响报告书的环境保护行政主管部门验收合格后,该建设项目方可投入生产或者使用。

第二,防治污染的设施不得擅自拆除或者闲置,确有必要拆除或者闲置的,必须征得所在地环境保护行政主管部门的同意。

《中华人民共和国水污染防治法》1996 年 5 月 15 日第八届全国人民代表大会常务委员会第 19 次会议通过。又于 2008 年 2 月 28 日第十届全国人民代表大会常务委员会第三十二次会议修订通过,自 2008 年 6 月 1 日起施行。对环境保护有相似的要求,但对环境影响评价特别强调了要得到有关方面的同意。

第一,新建、改建、扩建直接或者间接向水体排放污染物的建设项目和其他水上设施,应当依法进行环境影响评价。

第二,建设单位在江河、湖泊新建、改建、扩建排污口的,应当取得水行政主管部门或者流域管理机构同意;涉及通航、渔业水域的,环境保护主管部门在审批环境影响评价文件时,应当征求交通、渔业主管部门的意见。

第三,建设项目的水污染防治设施,应当与主体工程同时设计、同时施工、同时投入使用。水污染防治设施应当经过环境保护主管部门验收,验收不合格的,该建设项目不得投入生产或者使用。

第四,建设项目的环境影响报告书,必须对建设项目可能产生的水污染和对生态环境的影响做出评价,规定防治的措施,按照规定的程序报经有关环境保护部门审查批准。在运河、渠道、水库等水利工程内设置排污口,应当经过有关水利工程管理部门同意。环境影响报告书中,应当有该建设项目所在地单位和居民的意见。

三、建设项目环境保护的相关规定

根据《中华人民共和国环境保护法》《中华人民共和国环境影响评价法》《建设项目环

境保护管理条例》对建设项目的环境保护做出如下规定：

（一）环境影响评价

环境影响评价是指对规划和建设项目实施后可能造成的环境影响进行分析、预测和评估，提出预防或者减轻不良环境影响的对策和措施，进行跟踪监测的方法与制度。

1.环境影响评价编制资质

国家对从事建设项目环境影响评价工作的单位实行资格审查制度。

从事建设项目环境影响评价工作的单位，必须取得国务院环境保护行政主管部门颁发的资格证书，按照资格证书规定的等级和范围，从事建设项目环境影响评价工作，并对评价结论负责。

国务院环境保护行政主管部门对已经颁发资格证书的从事建设项目环境影响评价工作的单位名单，应当定期予以公布。

从事建设项目环境影响评价工作的单位，必须严格执行国家规定的收费标准。建设单位可以采取公开招标的方式，选择从事环境影响评价工作的单位，对建设项目进行环境影响评价。任何行政机关不得为建设单位指定从事环境影响评价工作的单位，进行环境影响评价。

2.分类管理

国家根据建设项目对环境的影响程度，按照相关规定对建设项目的环境保护实行分类管理：

第一，建设项目对环境可能造成重大影响的，应当编制环境影响报告书，对建设项目产生的污染和对环境的影响进行全面、详细的评价。

第二，建设项目对环境可能造成轻度影响的，应当编制环境影响报告表，对建设项目产生的污染和对环境的影响进行分析或者专项评价。

第三，建设项目对环境影响很小，不需要进行环境影响评价的，应当填报环境影响登记表。

建设项目环境保护分类管理名录，由国务院环境保护行政主管部门制订并公布。

3.环境影响报告书的内容

建设项目环境影响报告书，应当包括以下内容：第一，建设项目概况；第二，建设项目周围环境现状；第三，建设项目对环境可能造成影响的分析和预测；第四，环境保护措施及其经济、技术论证；第五，环境影响经济损益分析；第六，对建设项目实施环境监测的建议；第七，环境影响评价结论。

涉及水土保持的建设项目，还必须有经水行政主管部门审查同意的水土保持方案。

4.环境影响报告要求

对环境影响报告的要求如下:

(1)建设项目的环境影响评价工作,由取得相应资质证书的单位承担。

(2)建设单位应当在建设项目可行性研究阶段报批建设项目环境影响报告书、环境影响报告表或者环境影响登记表。按照国家有关规定,不需要进行可行性研究的建设项目,建设单位应当在建设项目开工前报批建设项目环境影响报告书、环境影响报告表或者环境影响登记表;其中,需要办理营业执照的,建设单位应当在办理营业执照前报批建设项目环境影响报告书、环境影响报告表或者环境影响登记表。

(3)建设项目环境影响报告书、环境影响报告表或者环境影响登记表,由建设单位报有审批权的环境保护行政主管部门审批;建设项目有行业主管部门的,其环境影响报告书或者环境影响报告表应当经行业主管部门预审后,报有审批权的环境保护行政主管部门审批。

(4)海岸工程建设项目环境影响报告书或者环境影响报告表,经海洋行政主管部门审核并签署意见后,报环境保护行政主管部门审批;环境保护行政主管部门应当自收到建设项目环境影响报告书之日起60日内,收到环境影响报告表之日起30日内、收到环境影响登记表之日起15日内,分别做出审批决定并书面通知建设单位;预审、审核、审批建设项目环境影响报告书、环境影响报告表或者环境影响登记表,不得收取任何费用。

(5)建设项目环境影响报告书、环境影响报告表或者环境影响登记表经批准后,建设项目的性质、规模、地点或者采用的生产工艺发生重大变化的,建设单位应当重新报批建设项目环境影响报告书、环境影响报告表或者环境影响登记表;建设项目环境影响报告书、环境影响报告表或者环境影响登记表自批准之日起满5年,建设项目方开工建设的,其环境影响报告书、环境影响报告表或者环境影响登记表应当报原审批机关重新审核。原审批机关应当自收到建设项目环境影响报告书、环境影响报告表或者环境影响登记表之日起10日内,将审核意见书面通知建设单位;逾期未通知的,视为审核同意。

(6)环境影响报告的审批权限。国家环境保护总局负责审批下列建设项目环境影响报告书、环境影响报告表或者环境影响登记表:

第一,跨越省、自治区、直辖市界区的建设项目。

第二,特殊性质的建设项目(如核设施、绝密工程等)。

第三,特大型的建设项目(报国务院审批),即总投资限额2亿元以上,由国家发改委批准,或计划任务书由国家发改委报国务院批准的建设项目。

第四,由省级环境保护部门提交上报,对环境问题有争议的建设项目。

以上规定以外的建设项目环境影响报告书、环境影响报告表或者环境影响登记表的审批权限，由省、自治区、直辖市人民政府规定。

建设项目造成跨行政区域环境影响，有关环境保护行政主管部门对环境影响评价结论有争议的，其环境影响报告书或者环境影响报告表由共同上一级环境保护行政主管部门审批。

（二）环境保护设施的建设

（1）建设项目需要配套建设的环境保护设施，必须与主体工程同时设计、同时施工、同时投产使用。

（2）建设项目的初步设计，应当按照环境保护设计规范的要求，编制环境保护篇章，并依据经批准的建设项目环境影响报告书或者环境影响报告表，在环境保护篇章中落实防治环境污染和生态破坏的措施以及环境保护设施投资概算。

（3）建设项目的主体工程完工后，需要进行试生产的，其配套建设的环境保护设施必须与主体工程同时投入试运行。

（4）建设项目试生产期间，建设单位应当对环境保护设施运行情况和建设项目对环境的影响进行监测。

（5）建设项目竣工后，建设单位应当向审批该建设项目环境影响报告书、环境影响报告表或者环境影响登记表的环境保护行政主管部门，申请该建设项目需要配套建设的环境保护设施竣工验收。环境保护设施竣工验收，应当与主体工程竣工验收同时进行。需要进行试生产的建设项目，建设单位应当自建设项目投入试生产之日起3个月内，向审批该建设项目环境影响报告书、环境影响报告表或者环境影响登记表的环境保护行政主管部门，申请该建设项目需要配套建设的环境保护设施竣工验收。

（6）分期建设、分期投入生产或者使用的建设项目，其相应的环境保护设施应当分期验收。

（7）环境保护行政主管部门应当自收到环境保护设施竣工验收申请之日起30日内，完成验收。

（8）建设项目需要配套建设的环境保护设施经验收合格，该建设项目方可正式投入生产或者使用。

（三）法律责任

（1）违反规定，有以下行为之一的，由负责审批建设项目环境影响报告书、环境影响报告表或者环境影响登记表的环境保护行政主管部门责令限期补办手续；逾期不补办手续，擅自开工建设的，责令停止建设，可以处10万元以下的罚款。

第一，未报批建设项目环境影响报告书、环境影响报告表或者环境影响登记表的。

第二，建设项目的性质、规模、地点或者采用的生产工艺发生重大变化，未重新报批建设项目环境影响报告书、环境影响报告表或者环境影响登记表的。

第三，建设项目环境影响报告书、环境影响报告表或者环境影响登记表自批准之日起满5年，建设项目方开工建设，其环境影响报告书、环境影响报告表或者环境影响登记表未报原审批机关重新审核的。

(2)建设项目环境影响报告书、环境影响报告表或者环境影响登记表未经批准或者未经原审批机关重新审核同意，擅自开工建设的，由负责审批该建设项目环境影响报告书、环境影响报告表或者环境影响登记表的环境保护行政主管部门责令停止建设，限期恢复原状，可以处10万元以下的罚款。

(3)违反本条例规定，试生产建设项目配套建设的环境保护设施未与主体工程同时投入试运行的，由审批该建设项目环境影响报告书、环境影响报告表或者环境影响登记表的环境保护行政主管部门责令限期改正；逾期不改正的，责令停止试生产，可以处5万元以下的罚款。

(4)违反本条例规定，建设项目投入试生产超过3个月，建设单位未申请环境保护设施竣工验收的，由审批该建设项目环境影响报告书、环境影响报告表或者环境影响登记表的环境保护行政主管部门责令限期办理环境保护设施竣工验收手续；逾期未办理的，责令停止试生产，可以处5万元以下的罚款。

(5)违反本条例规定，建设项目需要配套建设的环境保护设施未建成、未经验收或者经验收不合格，主体工程正式投入生产或者使用的，由审批该建设项目环境影响报告书、环境影响报告表或者环境影响登记表的环境保护行政主管部门责令停止生产或者使用，可以处10万元以下的罚款。

(6)从事建设项目环境影响评价工作的单位，在环境影响评价工作中弄虚作假的，由国务院环境保护行政主管部门吊销资格证书，并处所收费用1倍以上3倍以下的罚款。

(7)环境保护行政主管部门的工作人员徇私舞弊、滥用职权、玩忽职守，构成犯罪的，依法追究刑事责任；尚不构成犯罪的，依法给予行政处分。

第三节　水利建设项目水土保持的文明施工

一、文明施工的组织与管理

(一)组织和制度管理

水利建设项目施工现场应成立以项目经理为第一责任人的文明施工管理组织。分包单位应服从总包单位的文明施工管理组织的统一管理,并接受监督检查。各项施工现场管理制度应有文明施工的规定,包括个人岗位责任制、经济责任制、安全检查制度、持证上岗制度、奖惩制度、竞赛制度和各项专业管理制度等。加强和落实现场文明检查、考核及奖惩管理,以促进施工文明管理工作提高。检查范围和内容应全面周到,包括生产区、生活区、场容场貌、环境文明及制度落实等内容。检查发现的问题应采取整改措施。

(二)建立收集文明施工的资料

水利建设项目文明施工的资料来源如下:

第一,上级关于文明施工的标准、规定、法律法规等资料。

第二,施工组织设计(方案)中对文明施工的管理规定,各阶段施工现场文明施工的措施,文明施工自检资料。

第三,文明施工教育、培训、考核计划的资料。

第四,文明施工活动各项记录资料。

(三)加强文明施工的宣传和教育

加强文明施工的宣传和教育须注意以下问题:

第一,在坚持岗位练兵基础上,要采取走出去、请进来、短期培训、上技术课、登黑板报、广播、看录像、看电视等方法狠抓教育工作。

第二,要特别注意对临时工的岗前教育。

第三,专业管理人员应熟悉掌握文明施工的规定。

二、现场文明施工的要求

现场文明施工的要求包括以下内容:

(1)施工现场必须设置明显的标牌,标明工程项目名称,建设单位,设计单位,施工单位,项目经理和施工现场总代表人的姓名,开,竣工日期、施工许可证批准文号等。施工单位负责施工现场标牌的保护工作。

(2)施工现场的管理人员在施工现场应当佩戴证明其身份的证件。

(3)应当按照施工总平面布置图设置各项临时设施。现场堆放的大宗材料、成品、半成品和机具设备不得侵占场内道路及安全防护等设施。

(4)施工现场的用电线路、用电设施的安装和使用必须符合安装规范和安全操作规程,并按照施工组织设计进行架设,严禁任意拉线接电。施工现场必须设有保证施工安全要求的夜间照明;危险潮湿场所的照明以及手持照明灯具,必须采用符合安全要求的电压。

(5)施工机械应当按照施工总平面布置图规定的位置和线路设置,不得任意侵占场内道路。施工机械进场须经过安全检查,经检查合格的方能使用。施工机械操作人员必须建立机组责任制,并依照有关规定持证上岗,禁止无证人员操作。

(6)应保证施工现场道路畅通,排水系统处于良好的使用状态;保持场容场貌的整洁,随时清理建筑垃圾。在车辆、行人通行的地方施工,应当设置施工标志,并对沟井坎穴进行覆盖。

(7)施工现场的各种安全设施和劳动保护器具,必须定期进行检查和维护,及时消除隐患,保证其安全有效。

(8)施工现场应当设置各类必要的职工生活设施,并符合卫生、通风、照明等要求。职工的膳食、饮水供应等应当符合卫生要求。

(9)应当做好施工现场安全保卫工作,采取必要的防盗措施,在现场周边设立围护设施。

(10)应当严格依照《中华人民共和国消防条例》的规定,在施工现场建立和执行防火管理制度,设置符合消防要求的消防设施,并保持完好的备用状态。在容易发生火灾的地区施工,或者储存、使用易燃易爆器材时,应当采取特殊的消防安全措施。

(11)施工现场发生工程建设重大事故的处理,依照《工程建设重大事故报告和调查程序规定》执行。

三、水利工程建设项目文明施工的要求

创建文明建设工地是工程建设物质文明和精神文明建设的最佳结合点,是工程项目管理的中心环节,同时也是水利水电企业按照现代企业制度要求,加强企业管理,树立企业良好形象的需要。为贯彻落实《中共中央关于加强社会主义精神文明建设若干重要问

题的决议》精神，加强水利工程建设管理，提高建设管理水平，推动创建文明建设工地活动健康有序地开展，实现水利建设管理由粗放型管理到集约型管理的根本性转变，水利部建管司、人事劳动教育司、精神文明建设指导委员会办公室决定从1998年起评选水利系统文明建设工地。水利部于1998年4月3日颁布实施《水利系统文明工地评审管理办法》，该办法共16条，并附水利系统文明建设工地考核标准。

（一）文明建设工地的条件

根据《水利系统文明工地评审管理办法》，水利系统文明建设工地由项目法人负责申报。申报水利系统文明建设工地的项目应满足下列基本条件：

第一，已完工程量一般应达全部建安工程量的30%以上。

第二，工程未发生严重违法乱纪事件和重大质量、安全事故。

第三，符合水利系统文明建设工地考核标准的要求。

（二）文明建设工地考核的内容

文明建设工地考核的内容如下：

（1）根据《水利系统文明工地评审管理办法》，《水利系统文明建设工地考核标准》分为3项内容：第一，精神文明建设；第二，工程建设管理水平；第三，施工区环境。

（2）工程建设管理水平考核包括四个方面：第一，基本建设程序；第二，工程质量管理；第三，施工安全措施；第四，内部管理制度。

（3）基本建设程序考核包括四项内容：第一，工程建设符合国家的政策、法规，严格按建设程序建设；第二，按部有关文件实行招标投标制和建设监理制规范；第三，工程实施过程中，能严格按合同管理，合理控制投资、工期、质量，验收程序符合要求；第四，项目法人与监理、设计、施工单位关系融洽。

（4）质量管理考核包括五项内容：第一，工程施工质量检查体系及质量保证体系健全；第二，工地实验室拥有必要的检测设备；第三，各种档案资料真实可靠，填写规范、完整；第四，工程内在、外观质量优良，单元工程优良品率达到70%以上，未出现过重大质量事故；第五，出现质量事故能按照四不放过原则及时处理。

（5）施工安全措施考核包括四项内容：第一，建立了以责任制为核心的安全管理和保证体系，配备了专职或兼职安全员；第二，认真贯彻国家有关施工安全的各项规定和标准，并制定了安全保证制度；第三，施工现场无不符合安全操作规程的状况；第四，一般伤亡事故控制在标准内，未发生重大安全事故。

（6）内部管理制度主要考核是否健全，建设资金使用是否合理合法。

(7)施工区环境考核包括九项内容:第一,现场材料堆放、施工机械停放有序、整齐;第二,施工现场道路平整、畅通;第三,施工现场排水畅通,无严重积水现象;第四,施工现场做到工完场清,建筑垃圾集中堆放并及时清运;第五,危险区域有醒目的安全警示牌,夜间作业要设警示灯;第六,施工区与生活区应挂设文明施工标牌或文明施工规章制度;第七,办公室、宿舍、食堂等公共场所整洁卫生、有条理;第八,工区内社会治安环境稳定,未发生严重打架斗殴事件,无黄、赌、毒等社会丑恶现象;第九,能注意正确协调处理与当地政府和周围群众关系。

第六章　水利建设工程项目管理的现代化研究

第一节　水利建设工程项目管理规范化

随着市场竞争的加剧，许多建筑施工企业不得不在全国各地(大型施工企业甚至在世界各地)承揽工程，从而造成管理地域的跨度加大，随着项目数量增多，管理幅度也在加大。由企业直接插手项目管理的传统模式，已经不能适应形势发展的需要。加大项目部的管理自主权，推行模块化管理，提升项目分类管理能力，对建筑施工企业至关重要。而推行项目管理规范化，是提高项目管理水平切实可行的方法。水利工程项目管理规范化首先制定标准，本节以南水北调工程为例，从管理行为规范化、流程规范化等方面来探讨项目管理的规范化。

一、水利建设工程项目管理行为的规范化

(一)工程项目管理人员的职业道德

1.监理工程师职业道德守则

为了规范监理工程师的职业道德行为，提高行业声誉，监理工程师在执业中应信守以下职业道德行为准则①：

第一，维护国家的荣誉和利益，按照“守法、诚信、公正、科学”的准则执业。

第二，执行有关工程建设的法律、法规、规范、标准和制度，履行监理合同规定的义务和职责。

第三，努力学习专业技术和建设监理知识，不断提高业务能力和监理水平。

第四，不以个人名义承揽监理业务。

---

①卓严鹏.水库水利工程规范化管理研究[J].建材与装饰，2018，(51)：269-270.

第五,不同时在两个或两个以上监理单位注册和从事监理活动,不在政府部门和施工、材料设备的生产供应等单位兼职。

第六,不为所监理项目指定承建商、建筑构配件、设备、材料和施工方法。

第七,不收受被监理单位的任何礼金。

第八,不泄露所监理工程各方认为需要保密的事项。

第九,坚持独立自主地开展工作。

2.造价工程师职业道德守则

为了规范造价工程师的职业道德行为,提高行业声誉,造价工程师在执业中应信守以下职业道德行为准则:

第一,遵守国家法律、法规和政策,执行行业自律性规定,珍惜职业声誉,自觉维护国家和社会公共利益。

第二,遵守“诚信、公正、精业、进取”的原则,以高质量的服务和优秀的业绩,赢得社会和客户对造价工程师职业的尊重。

第三,勤奋工作,独立、客观、公正、正确地出具工程造价成果文件,使客户满意。

第四,诚实守信,尽职尽责,不得有欺诈、伪造、作假等行为。

第五,尊重同行,公平竞争,搞好同行之间的关系,不得采取不正当的手段损害、侵犯同行的权益。

第六,廉洁自律,不得索取、收受委托合同约定以外的礼金和其他财物,不得利用职务之便谋取其他不正当的利益。

第七,造价工程师与委托方有利害关系的应当回避,委托方有权要求其回避。

第八,知悉客户的技术和商务秘密,负有保密义务。

第九,接受国家和行业自律性组织对其职业道德行为的监督检查。

3.项目经理职业道德守则

为了规范项目经理的职业道德行为,提高行业声誉,项目经理在执业中应信守以下职业道德行为准则:

第一,项目经理应具备较高的个人和职业道德标准,对自己的行为承担责任。

第二,在与雇主和客户的关系中,项目经理应在专业和业务方面,对雇主和客户诚实。

第三,遵守所在国家法律。

第四,为项目团队成员提供适当的工作条件和机会,公平待人。

第五,乐于接受他人的批评,善于提出诚恳的意见,并能正确地评价他人的贡献。

第六,无论是聘期或离职,项目经理对雇主和客户没有被正式公开的业务和技术工艺信息应予以保密。

第七，告知雇主、客户可能会发生的利益冲突。

第八，不得直接或间接对有业务关系的雇主和客户行贿、受贿。

第九，如实、真实地报告项目质量、费用和进度。

（二）对工程项目各方的管理规定

项目管理标准化还表现在对参建各方行为的管理规定，工程建设一般投资大、周期长、参与方多，管理上有一定的难度，参建各方要明白哪些事情该做，哪些事情不该做。工程建设项目管理活动比较多，在此不一一列举，仅以安全生产监督管理为例，简述项目管理对参建各方的管理规定。

1.对施工单位安全生产监督管理规定

第一，《安全生产许可证》办理情况。

第二，建筑工程安全防护、文明施工措施费用的使用情况。

第三，设置安全生产管理机构和配备专职安全管理人员情况。

第四，三类人员经主管部门安全生产考核情况。

第五，特种作业人员持证上岗情况。

第六，安全生产教育培训计划制订和实施情况。

第七，施工现场作业人员意外伤害保险办理情况。

第八，职业危害防治措施制定情况，安全防护用具和安全防护服装的提供及使用管理情况。

第九，施工组织设计和专项施工方案编制、审批及实施情况。

第十，生产安全事故应急救援预案的建立与落实情况。

第十一，企业内部安全生产检查开展和事故隐患整改情况。

第十二，重大危险源的登记、公示与监控情况。

第十三，生产安全事故的统计、报告和调查处理情况。

第十四，其他有关事项。

2.对工程监理单位安全生产监督管理规定

第一，将安全生产管理内容纳入监理规划的情况，以及在监理规划和中型以上工程的监理细则中制定对施工单位安全技术措施的检查方面情况。

第二，审核施工企业安全生产保证体系、安全生产责任制、各项规章制度和安全监管机构建立及人员配备情况。

第三，审核施工企业应急救援预案和安全防护、文明施工措施费用使用计划情况。

第四，审核施工现场安全防护是否符合投标时承诺和相关安全生产标准要求情况。

第五,复查施工单位施工机械和各种设施的安全许可验收手续情况。

第六,审查施工组织设计中的安全技术措施或专项施工方案是否符合工程建设强制性标准情况。

第七,定期巡视检查危险性较大工程作业情况。

第八,向施工单位下达隐患整改通知单,要求整改事故隐患情况或暂时停工情况;整改结果复查情况;向建设单位报告督促施工单位整改情况;向工程所在地区县建委报告施工单位拒不整改或不停止施工情况。

第九,审查施工企业资质和安全生产许可证、三类人员及特种作业人员取得考核合格证书和操作资格证书情况。

第十,其他有关事项。

3.对其他有关单位安全生产监督管理规定

第一,机械设备、施工机具及配件的出租单位提供相关制造许可证、产品合格证、检测合格证明的情况。

第二,施工起重机械和整体提升脚手架、模板等自升式架设设施安装单位的资质、安全施工措施及验收调试等情况。

第三,施工起重机械和整体提升脚手架、模板等自升式架设设施的检验检测单位资质和出具安全合格证明文件情况。

(三)考核标准

工作标准应尽可能量化,以便于检查、监督和考核。此外,必须规定:一个岗位在做出什么样的贡献时,可以得到奖励;什么情况下会受到处罚,相应的奖惩标准怎么样。短期奖惩方式和长期奖惩方式都要建立。采用多种多样的方式,激励员工努力工作,形成良性的鼓励和淘汰机制。

二、水利建设工程项目管理流程的规范化

水利工程项目管理活动比较多,但是每种活动都有自身的操作流程,这些都是有严格规定的,更是体现了项目管理规范化,这样给项目管理带来很大的方便,提高了效率。项目管理流程规范化包括政府管理和市场主体管理流程规范化。

(一)工程项目政府管理流程规范化

政府管理包括行业管理和行政监督管理两个方面。政府在建设期的管理流程包括:市场准入管理流程、招标投标管理流程、合同管理流程、建设监理管理流程、设计管理流

程、质量管理流程、安全生产管理流程、进度管理流程、投资计划与资金管理流程、工程验收流程、信息管理流程、移民与环保管理流程、技术与科技管理流程、工程稽查流程等。

（二）工程项目市场主体管理流程规范化

市场主体管理流程包括项目法人、承包人、监理人对工程管理的流程。在建设期，项目法人的管理流程包括：建设计划管理流程、招标投标管理流程、设计管理流程、合同管理流程、质量管理流程、安全管理流程、进度管理流程、投资计划与资金管理流程、工程财务与会计管理流程、工程验收管理流程、信息管理流程、工程文档管理流程、移民征地与环保管理流程、工程协调管理流程等。承包人与监理人等都建立起了相应的管理流程。

根据管理需要，上述管理流程可以进行细化。以合同管理为例，合同管理流程包括分包管理工作及其业务流程、施工承包单位人员管理工作及其业务流程、图纸管理工作及其业务流程、设备管理工作及其业务流程、开工管理工作及其业务流程、工程变更管理工作及其业务流程、工程测量与检测管理工作、工程进度管理工作及其业务流程、材料管理工作及其业务流程、施工过程质量控制管理工作及其业务流程、工程质量评定管理工作及其业务流程、工程质量事故处理管理工作及其业务流程、计量与支付管理工作及其业务流程、索赔处理管理工作及其业务流程、移交证书与保修终止证书签发管理工作及其业务流程、争议解决管理工作及其业务流程、完工验收管理工作及其业务流程、竣工验收管理工作及其业务流程、工程信息管理工作及其业务流程等。

第二节　水利建设工程项目管理专业化

随着我国改革开放的不断深入，我国水利水电建筑建设单位和从业人员逐步走向专业化。对于水利水电建设参与各方建立了市场准入条件，包括勘察、设计、监理、施工等单位；对于水利工程从业人员，建立了相应的执业资格考试制度和注册制度，包括监理工程师、建造师、咨询工程师、安全工程师等。水利工程项目管理专业化是我国水利水电建设项目管理逐渐成熟的重要标志之一。

一、水利建设参建单位的专业化

为了规范水利水电建筑市场，保障水利工程质量，在相应的法律法规中明确规定了施工、设计、监理、咨询企业资质管理办法，让真正有实力的参与方在这片市场上健康成长，把滥竽充数的企业清除出行业。

(一)水利工程设计资质分级标准

水利工程设计资质划分为甲、乙、丙、丁四级①。

第一,甲级要求具有10年以上水利或水电工程设计资历(重新恢复的设计单位资历按原成立时间计算),社会信誉好。独立承担过至少两项大型水利或水电工程设计任务,并已开工或建成投产,开工项目设计质量优秀,投产项目经运行考验,安全可靠,达到设计主要的技术经济指标,效益显著。

第二,乙级要求社会信誉好。独立承担过至少两项中型水利或水电工程设计任务,并已开工或建成投产,开工项目设计质量好,投产项目经运行考验,安全可靠,达到设计主要的技术经济指标,效益较好。

第三,丙级要求独立承担过至少两项小型水利或水电工程设计任务,并已开工或建成投产,开工项目设计质量良好,投产项目运行良好,安全可靠,基本达到设计主要的技术经济指标。

第四,丁级要求独立承担过小型水利或水电工程设计任务或本行业的零星单项工程的设计任务,至少有两项已建成投产,经运行考验,安全可靠,设计质量满足要求。

(二)水利工程施工总承包企业资质分级标准

水利工程施工总承包企业资质分为特级、一级、二级、三级。

第一,特级资质要求企业注册资本3亿元以上,企业净资产3.6亿元以上,企业近3年年平均工程结算收入15亿元以上,企业其他条件均达到一级资质标准。

第二,一级资质要求企业注册资本5000万元以上,企业净资产6000万元以上,企业近3年最高年工程结算收入2亿元以上,企业具有与承担大型拦河闸、坝、水工混凝土、水工隧洞、渡槽、倒虹吸及桥梁、地基处理、岩土工程、水轮发电机组安装相适应的施工机械和质量检测设备。

第三,二级资质要求企业注册资本2000万元以上,企业净资产2500万元以上,企业近3年最高年工程结算收入1亿元以上,企业具有与承担中型拦河闸、坝、水工混凝土、水工隧洞、渡槽、倒虹吸及桥梁、地基处理、岩土工程相适应的施工机械和质量检测设备。

第四,三级资质要求企业注册资本600万元以上,企业净资产720万元以上,企业近3年最高年工程结算收入2000万元以上,企业具有与承包工程范围相适应的施工机械和质量检测设备。

---

①刘长军.水利工程项目管理[M].北京:中国环境出版社,2013.

(三)水利工程监理企业资质分级标准

水利工程监理企业资质分为甲级、乙级、丙级。

第一,甲级资质要求具有独立法人资格且注册资本不少于300万元,企业技术负责人应为注册监理工程师,并具有15年以上从事工程建设工作的经历或者具有工程类高级职称,注册监理工程师、注册造价工程师、一级注册建造师、一级注册建筑师、一级注册结构工程师或其他勘察设计注册工程师合计不少于25人次;其中,相应专业注册监理工程师不少于《专业资质注册监理工程师人数配备表》中要求配备的人数,注册造价工程师不少于2人,企业近2年内独立监理过3个以上相应专业的二级工程项目,但是,具有甲级设计资质或一级及以上施工总承包资质的企业申请本专业工程类别甲级资质的除外。

第二,乙级资质要求具有独立法人资格且注册资本不少于100万元,企业技术负责人应为注册监理工程师,并具有10年以上从事工程建设工作的经历,注册监理工程师、注册造价工程师、一级注册建造师、一级注册建筑师、一级注册结构工程师或其他勘察设计注册工程师合计不少于15人次。其中,相应专业注册监理工程师不少于《专业资质注册监理工程师人数配备表》中要求配备的人数,注册造价工程师不少于1人。

第三,丙级资质要求具有独立法人资格且注册资本不少于50万元,企业技术负责人应为注册监理工程师,并具有8年以上从事工程建设工作的经历,相应专业的注册监理工程师不少于《专业资质注册监理工程师人数配备表》中要求配备的人数。

二、水利建设从业人员的专业化

为了规范水利工程项目管理从业人员的行为,提高其项目管理水平,确保项目管理质量,我国实行从业人员执业资格制度和注册制度,建立了从业人员准入制度。

第一,注册咨询工程师(投资)。按照人事部、国家发改委的有关规定,注册咨询工程师须通过考试或认定,合法取得《中华人民共和国注册咨询工程师(投资)执业资格证书》,经注册登记取得《中华人民共和国注册咨询工程师(投资)注册证》。只有取得执业资格证书和注册证的人员,方能从事项目规划、项目建议书、项目可行研究报告编制等水利工程项目管理前期工作。

第二,注册监理工程师。按照人社部、住建部的有关规定,注册监理工程师须通过考试或认定,合法取得《中华人民共和国注册监理工程师执业资格证书》,经注册登记取得《中华人民共和国注册监理工程师注册证》。只有取得执业资格证书和注册证的人员,方能从事设计监理、施工监理、设备监理等水利工程项目管理实施期工作。

第三,注册咨询造价工程师。按照人社部、住建部的有关规定,注册咨询造价工程师须通过考试或认定,合法取得《中华人民共和国注册造价工程师执业资格证书》,经注册登记取得《中华人民共和国注册造价工程师注册证》。只有取得执业资格证书和注册证的人员,方能从事投资估算、设计概算、施工图预算、标底、结算和决算编制等水利工程项目管理工作。

三、水利建设项目经理职业化的意义

(一)促进工程管理的专业化和社会化

工程建设项目管理人员职业化将促进工程管理的专业化和社会化。目前,我国项目经理就整体而言学识水平较低,结构不合理,甚至很多只有高中文化程度,即使一部分项目经理具备相当文化和专业知识,但还缺乏岗位要求的业务知识和管理能力,尤其缺乏科技开创能力和国际化职业适应能力。

究其原因主要在两个方面:

第一,准入项目管理职业门槛过低,无法体现项目经理岗位自身应具有的专业素质要求,并且收入与工作条件、所承担的工作任务反差较大,难以吸引优秀高科技人才。

第二,项目经理的选聘仅限于企业内部,缺乏社会选聘渠道和环境,社会激励机制不足导致专业技术人员不以项目管理作为选择目标进行自身的职业定位,也难以树立职业荣誉感,爱惜职业声誉如爱惜生命。工程建设项目管理人员职业化是与国际惯例接轨的重要标志。我国加入世界贸易组织,建设行业面临着国外企业的竞争压力。在新的环境下,应提高项目管理人员的综合素质,把造就一支合格的职业化项目经理队伍,作为建筑业发展战略的一项主要任务来抓。国家建设主管部门从规范市场、完善机制的大局出发对建筑业项目经理资质认证及项目经理资质考核定级注册进行了制度化管理,对项目管理人员有序发展具有积极作用。现在项目管理人员所具有的资质和业绩已演变成为其市场准入的条件,为市场选择项目管理人员提供了一个较好的基础。

(二)是高质量、高水平、高效益搞好工程项目建设的必备条件

我国的工程建设项目运作符合国际惯例,就必须有一批职业化的懂技术、会管理、善经营的工程项目管理专业人才,这是高质量、高水平、高效益搞好工程项目建设的必备条件。所以,建立我国的与项目管理人员相适应的建造师执业资格制度有重要的意义。在建筑业已实行的建筑师、结构工程师等执业资格制度的经验,对实施注册建造师制度具有借鉴作用。尤其对责任大,技术复杂,关系公共利益的工程项目的管理人员实行市场准入制度予以控制,来减少工程项目实施期间的风险。具备建造师执业资格作为工程项目经

理依法独立从事工程管理工作的要求。学识、技术、能力和从业实践经历等标准是达到执业的项目经理必备的条件。并且职业建造师地位的确立使我国同国际上有影响的专业资格,如美国建造工程师,英国、新加坡和中国香港的特许建造师,德国注册工程师等建立相互认可的关系,这将是我国加入 WTO,建筑业增强竞争能力的重要举措。

(三)是人力资本的很好体现

项目经理的职业化及其注册建造师制度的建立是人力资本的很好体现。执业建造师通过工程师咨询协会或项目工程师咨询公司开展业务服务工作。通过市场机制配置资源,引导各类不同专业项目经理的需求,优化职业经理的组成结构,促进人才的合理流动,使个人自我价值得到充分体现。工程师咨询协会或项目工程师咨询公司为项目经理的职业化起到积极的作用,通过建立人才职业档案,采用规范化、标准化的评估手段对在档人员进行业绩考评,利用商业化的个人职业资信等级,向聘用部门提供管理人员信息,维护从业人员的利益,充分发挥工程咨询协会的中介作用。

第三节　水利建设工程项目管理信息化

水利工程项目管理信息化是国家传统水利产业转型升级思想的具体体现,也是国家以信息化改造水利传统产业思路的具体体现,是推进水利现代化的重要措施之一。在实际水利工程建设过程中,如何利用信息化手段来更好地为水利工程项目管理服务一直是一个值得思考的问题。

一、水利工程项目管理信息化的必要性分析

(一)水利工程项目管理信息化是先进管理模式的需要

将项目管理信息化引入项目管理过程中,同时也是引入了一种项目管理模式。项目管理是系统工程,在项目管理过程中引入项目管理信息化(软件),特别是以项目管理软件为核心的工程项目管理信息系统的引入同样也是一个系统工程,是一个人机合一的有层次的系统工程,包括项目各个参与方的领导和项目管理团队成员理念的转变,项目管理决策和组织管理的转变;项目管理手段的转变。这样一个系统工程的实现过程包含了前期规划、方案设计、设备采购、网络建设、软件选型、应用培训、二次开发等一系列工作。在激烈竞争的环境下,面对各种复杂的项目有大量的信息、数据需要动态管理,要提高管理水

平，提高工作效率，就必须使用先进的方法和工具①。

（二）水利工程项目管理信息化是项目管理自身提高的需要

随着互联网的迅速发展，水利工程项目管理信息化从内部的局域网扩展到企业内部互联网和企业外部网的范围上。当然，互联网技术促进了项目管理信息化在水利工程项目管理上迅速推广，但其主要原因还在于水利工程建设项目本身。水利工程项目，特别是大型水利工程项目，具有周期长、投资大、技术复杂、项目本身和项目的参与方在地域上分布分散等特点，使得对项目各个参与方之间的信息交流与协同工作提出了很高的要求。

目前，项目管理信息化（软件）正在朝着网络化、智能化、个性化和集成化的方向发展，为用户提供一体化的解决方案。大多数软件具有良好的开放性，支持开放的后台数据库；可以根据用户的要求选择不同的后台数据库，使得用户可以将所购置的软件与其他系统进行集成。

二、水利工程项目管理信息化的作用

水利工程具有生产周期长、资源使用的品种多、消耗量大、空间流动性高等特点，从而使水利工程项目管理呈现出涉及面广、工作量大、制约性强、信息流量大的特征。

随着现代水利工程建设项目规模的不断扩大、施工技术的难度与质量的要求不断提高，工程项目管理的复杂程度和难度越来越突出，各部门和单位间需要交互的信息量不断扩大，信息的交流与传递变得越来越频繁且越来越重要。加强水利工程项目信息管理，加快其交流速度，提高开发利用程度，对增强水利工程施工企业的整体实力具有重要作用。

随着信息化手段应用的不断深化和完善，为提高大型水利工程的建设管理水平、促进企业管理的规范化、科学化发挥了很好的作用，产生了可观的经济效益和社会效益。水利工程项目管理信息化的作用主要体现在以下方面：

（一）提高了工程管理规范化程度和强化了管理基础工作

通过把管理业务流程、规范制度信息化，避免了手工操作业务时容易产生的工作差错和随意性问题，解决了在手工管理中不好解决的一些薄弱环节或问题，规范了合同管理、结算管理、财务管理、质量安全管理、物资设备管理等方面业务及数据，数据规范化、准确性、集成性得到明显提高，促进了工程管理业务的规范化。

---

①朱德民.浅谈水利工程信息化管理[J].中国房地产业，2019，(1)：208.

(二)促进和实现工程管理业务协调运作

通过制订一系列业务规范,岗位责任信息化,初步建立了高度集成的工程管理各单位、各部门分工协调的业务及数据责任体系,实现了投资、合同、工程财务会计、物资设备、质量、安全等业务的分层管理、分级控制和规范协调运作。避免了手工运作时各方数据、台账不一,容易产生混乱的现象。

(三)初步形成了较为完整的共享资讯资源库

初步形成了较为完整的高度集成的合同、合同成本发生、进度支付、财务会计、物资、设备、质量、安全的共享资讯资源库,避免数据的重复输入,数据在使用过程中不断升值,作为资源为工程管理和决策者所使用,也为阶段性竣工验收、财务决算奠定了一个良好的数据基础。

(四)进一步提高了业务工作质量和效率

通过各种信息化手段,大量的数据存储、计算、处理、传递得以用信息化实现,减少了人工工作量,数据传输、处理的速度加快,准确性、一致性提高,提高了业务工作质量和效率,使管理人员可以把更多的精力放在分析和预测工作上。

(五)促进了管理优化和资源优化配置,降低了工程成本

通过集成化工程管理系统的运用,对业务运作提出了更高的要求,也为流程优化提供了手段。如简化结算流程、物资设备财务集中核算等。对促进降低库存和资金占用、加快资金周转、提高设备利用率、降低工程造价都起到了积极作用。

(六)提高了管理工作的预见性和决策的准确性、可靠性

通过资讯及时传递加工处理,加快资讯反馈,管理人员得以根据历史资讯快速对工程进度、成本等做出预测,发现一些问题,调整管理计划,做出决策,做到“有的放矢”,在问题发生之前提出解决方法,并帮助优化解决方案。业务数据规范化、明细化、集成化,也使得深层次的统计决策分析成为可能。

(七)强化了岗位责任制和责任意识,方便岗位绩效评估

岗位责任制可以 TGPMS 为载体清楚地展现各工作岗位的工作量、绩效,从而得到固化和强化。

三、水利工程项目管理信息系统的应用

随着时代的发展和计算机科学技术的发展,计算机科学技术不断被用作水利工程的辅助手段,提高了项目管理效率,创造了很大的效益。同时,一些国际通用的项目管理软件也被广泛应用于水利工程领域。

(一)P3 软件

P3 软件的精髓是广义网络技术与目标管理的有机结合。许多国际性招标工程(如小浪底水利枢纽工程)都采用了 P3 软件进行项目管理,如安排计划网络,有的甚至在招标文件中就明文规定必须采用 P3 项目管理编制投标文件,实施项目管理。P3 软件的主要功能包括一般功能、进度功能、资源管理功能、费用管理功能及报表和图形功能五个方面。

1. P3 软件项目管理作用表现

使用 P3 系列软件可以提高各参建单位的工作效率、加快工程信息交流、数据共享和工程进度管理水平,在管理上表现在以下方面:

第一,规范化。要求工程项目管理的活动、逻辑关系、具体做法和工作内容都很规范化。

第二,程序化。总结出项目管理中合理的工序逻辑和典型的工作程序,避免粗放式的指挥方式出现。

第三,数量化。应用完整合理的定额和完善的工序周期表,强化项目执行过程的度量性,达到对项目计划实行控制。

第四,系统化。P3 软件的应用要形成设计、采购、施工、开车、监理系统化,制定完善的网络。

第五,信息化。项目管理的过程,实际上就是一个信息传递和加工的过程,建立统一的信息代号和通用信息定义,克服一次次会议上解决信息的传统习惯。

第六,动态化。工程的动态化管理,应充分利用 P3 软件自身功能,对计划实施做到动态调整,建立数据更新和维护程序。

第七,控制化。计划管理应当严格控制,控制的实施在于其过程而不在于结果,不断对项目实施进行周期性检测,对测得的实物工作进展数量与计划数,利用 S 曲线进行分析比较。对落后或超前事项要考虑对其他事项产生的影响,提出应变措施。

第八,报告化。报告是沟通多方关系的重要文件,实行定期报告制度,制定相应格式。

2. P3 软件应用的支撑体系

第一,抓分解,重表格录入。WBS 分解是整个 P3 软件计划编制的基础、层次分解要清楚,排列方式要规范。作业表格的数据录入,考虑要周全。

第二,编码应严谨,考虑要周全。P3 软件中的编码为计划的核心,决定计划的实用性,所以编号应具有覆盖性、理解性、记忆性,不宜过长,避免重复。

第三,网络计划,先抓纲。编制网络计划,首先要抓住纲,所谓纲就是形成计划的主要活动和关键条件,抓住这个纲之后,其他活动就有生根之本。

(二)仿真系统

第一,仿真系统是技术或设备,是应用数学模型,相应的实用模型和装置,计算机系统,部分实物组成的仿真系统。根据数字计算机、模拟计算机、混合式模拟计算机或混合计算机系统的运算特点,仿真方式,计算方法,精度要求,对原始系统数学模型在时间上离散化和取舍变换,建立一种适合在计算机上进行运算和试验的仿真数学模型。仿真系统一般包括:仿真环境,仿真模型,仿真程序,计算机,连接器,各种感觉信息装置等。

第二,南水北调工程仿真系统以建立水量、水价、投资、经济影响四者关系为基础,向工程提供数字仿真平台,让决策者通过工程虚拟场景的一套可视化系统,对工程全貌有更加明了的认识,同时配合仿真结果分析,以方便决策者直观地理解各种工程方案并进行决策。

第三,南水北调数字仿真平台的决策支持作用,还表现在建立污染控制模型,验证治污规划;对南水北调东、中线工程水价的制定及其影响给予评价,包括研究水价的直接与次生效应、分阶段水价制定原则和策略、预言水价对国民经济的影响等。

第四节　水利建设工程项目管理和谐化

水利工程项目管理存在一系列的重大安全事故、生态环保、移民困境等诸多不和谐问题,原来项目管理已不能完全适应现代水利工程项目的管理要求,以及建设和谐工程的需要。所以水利工程项目管理要贯彻和落实科学发展观,围绕全面建设小康社会的目标,坚持以人为本,人与自然和谐相处的原则,树立和谐管理的理念,实现水利工程项目与经济、社会、生态环境的可持续发展。

“和谐”一词几乎是目前使用最广的术语。但是,对于什么是和谐,争议很多,迄今尚无一个确切的定义。结合工程项目管理,以下主要从管理学视角来理解“和谐”的内涵①。

一、基于管理学视角的和谐管理理论

和谐理论的核心是:任何系统之间及系统内部的各要素都是相关的,且存在一种系统目的意义下的和谐机制。“和谐”的系统含义:和谐是各子系统内部诸要素自身、各子系统内部诸要素之间以及各子系统在横向的空间意义上的协调和均衡,即不同事物内在与外在关系的协调。和谐系统分内部和谐、外部和谐、总体和谐。其中,内部和谐又分为构成和谐与组织和谐。构成和谐是指系统要素及其构成的和谐性,要各要素有合理的匹配,具有一定协调性,不追求构成要素完美和最优,而选择合理构成来实现系统功能。组织和谐是指如何通过组织手段达到合理确定系统功能并保证其实现;外部和谐是指系统与社会环境和自然环境的和谐;总体和谐是指系统内部与外部社会、经济系统综合的和谐②。

第一,和谐理论给出了管理研究的总体方向,即管理就是使之和谐。当然,不同的管理方法对应于不同层次的和谐标准,但和谐理论却为不同的管理研究找到了一个共同的立足点,并为各种管理理论之间的整合提供了一个通用的理论接口,使管理理论的整合成为可能。

第二,和谐理论强调系统的整体和谐,这与局部最优或局部和谐的关系并非一种简单的加总关系。这种整体的研究思想可以把管理研究的各种方法和理论置于一个和谐体之内进行研究,这对指导管理实践活动是具有重要意义的。因为它不再是站在某一个角度去解决企业管理的局部问题,而是从企业的整体利益着眼,综合考虑企业的内外部环境因素,为企业管理的总体规划提供重要的理论指导。

第三,和谐理论强调组织内外部的和谐统一,任何一个组织的生存和发展,不能脱离外部环境而独立存在,这是由人类组织的社会性所决定了的客观要求。它更加注重管理理论与现实问题的结合,避免一般理论“苍白无力”的缺陷,这充分体现了环境依赖的管理学研究思想。

第四,和谐理论追求管理的“完美”,并认为和谐是可以测度的,这打破了目前管理学研究的“适度论”或“理性论”的束缚,提倡不断创新和不断完善。虽然理想的和谐状态可能是永远都不可达到的,但这却为管理研究思想注入了一种积极思路。管理实践就是追求在当前或可预期条件下的和谐改进,这是一种动态最优化过程。在当今企业外部环境发生结构性变化的情况下,有意识地坚持这一点是尤为重要的。

---

①张基尧.水利水电工程项目管理理论与实践[M].北京:中国电力出版社,2008.

②王海雷,王力,李忠才.水利工程管理与施工技术[M].北京:九州出版社,2018.

二、水利工程项目管理和谐化的主要内容

为了应对水利工程项目的一次性、环境的开放性、内外环境的不确定性等特点，在传统项目管理理论的基础上，引入和谐管理的核心理念，即坚持以人为本，人水和谐的管理理念；关注水利工程项目内外部环境易变化这一重要特征，辩证地、动态地看问题，从而达到项目管理者与各利益相关者的“共赢”，提高管理绩效，最终实现人水和谐的目标。

基于和谐理念的水利工程项目管理系统包含构成子系统、组织子系统、内部环境子系统和外部环境子系统四个子系统。

（一）水利工程项目管理和谐化的子系统

水利工程项目管理和谐化的子系统是项目伙伴管理模式。

在一个共同的工程项目环境里，各个利益相关者的出发点是不同的，但是他们都基于一个目的，就是通过项目使自己的利益最大化，达到最好的效用。项目伙伴管理模式具有特殊的优势，它能够消除传统项目管理模式和阶段式项目管理模式中的障碍。项目伙伴管理模式是用一种新的管理方式弱化壁垒关系和对抗思维，加强全过程的合作，降低各方的管理成本，建立多元化的互信，共同追求和达到既定的目标，它并不是一种独立存在的管理模式，而是与其他项目管理模式共同运用，相互补充，相互促进。但它并不改变合同契约的内容和各方责任、义务的承担以及权利的分配。项目伙伴管理模式成功的关键在于信任与承诺。业主、设计方、施工方等各方面的代表，只要肯对项目伙伴关系中的每个伙伴投以信任，则内部利益相关者的利益均衡能够实现。

（二）水利工程项目管理和谐化的组织子系统

水利工程项目管理和谐化的组织子系统是扁平化、网络化的结构组织。

组织是项目一切管理活动取得成功的基础。工程项目就组织主体而言，主要涉及投资方、建设方、监理方、设计方、施工方；设计方、施工方又进一步涉及总包商和分包商。在项目组织任务方面表现为项目整体、范围、时间、成本、质量、人力资源、沟通、风险、采办等管理领域，以及活动过程如启动过程、计划过程、执行过程、控制过程、收尾过程等。所以工程项目管理系统的组织和谐强调通过建立完善的组织控制系统等手段，以保证系统横向同一层次子系统相互协调、相互配合，纵向不同层次子系统有机结合，最充分地发挥系统的总体力量，使整个系统达到和谐。

对于不同的水利工程项目，应根据工程项目具体目标、任务条件、工程项目环境等因素进行分析、比较，设计或选择最合适的组织结构形式。优化的组织管理能够体现：明确

各方面工作任务及管理职能的分工；确定工程项目工作在组织间的流程、工作逻辑及明确各方面责、权、利关系；规定工程项目组织中的沟通及行为规范，以及工程项目决策、规划、组织协调规则；定义各单位、各部门在项目各阶段的权限和任务；公正的组织评价和考察体系。有效的组织管理的构建能弱化各方的利益冲突，保障工程项目总体利益的实现。

（三）水利工程项目管理和谐化的内部环境子系统

水利工程项目管理和谐化的内部环境子系统是组织的文化构建。

组织文化是组织中人们的共同价值取向。此类价值取向形成一种文化氛围，支配和控制着组织的行为。工程项目管理系统的内部环境和谐主要体现在系统内部文化和谐和人际和谐。文化和谐主要表现为系统内部政策、文化氛围、工作环境、生活条件等能调动系统内部利益相关者的积极性、创造性，对工程项目管理系统参与方有较强吸引力，创造一个子系统的利益相关者从工作目标、理想、情感、价值取向、行为规范同系统总体要求相协调的环境；人际和谐表现为工程项目内部利益相关者的人际关系融洽、相互配合、相互关心、相互沟通。

首先要发挥项目领导的率先垂范作用。项目、组织各级领导以身作则、率先垂范、严格要求、有力支持以及高尚的人格力量，率先成为项目文化的忠实体现者和执行者。

其次，要尊重项目员工，以人为本。项目文化建设实质是人的建设。要发挥项目员工积极性、主动性、自觉性、创造性，让项目员工自觉地把自己的行为与项目目标、项目产品质量、个人的发展、组织的命运联系在一起。在项目开发过程中，项目高层领导、项目团队成员、项目团队项目所在组织要把其所有利益相关者视为合作伙伴和服务对象（而不是达标的阶梯和工具），在完成项目范围、实现项目目标中共同进步和发展真正体现以人为本（尊重生命、尊重人格尊严、开发人的价值、实现人的全面发展）的价值。

再次，提升项目团队整体素养。项目团队整体素养的提升是确保项目成功和项目产品质量的基础，更是创建优秀项目文化的保证。人、机、料、法、环、测等各个环节均需要整体改进和不断提高，创造有益于项目成功和项目质量稳定的和谐氛围。人的质量决定工作质量，工作质量决定产品和服务质量，高素质和高修养的项目队伍是项目发展和兴旺、项目产品卓越的关键因素。

最后，制定科学、合理的项目规范，建立有效、可控的项目运行平台和运行机制。良好的规章制度是确保项目及其成员受控的保证，有了它才能规范项目员工、项目团队和项目系统策划、科学建章，建立一套项目工作技术规范和管理规范，并且不断动态完善，确保其充分性、适宜性和有效性。同时要加大对项目规章制度执行的监督检查，对有法不依、执法不严要实施正确的行为制约和管理导向，健全项目目标体系、评价体系和分配体系，建立有序、公正的项目评价、项目激励制度和机制。

(四)水利工程项目管理和谐化的水外部环境子系统

水利工程项目管理和谐化的水外部环境子系统是社会责任的承担。

第一,水利工程项目带来巨大效益的同时也存在种种负面影响的情况。如对水生生物的影响、水库淹没土地的损失、水库移民、水库泥沙淤积、水质污染、地震及地质灾害等诸多问题。需要工程项目管理系统外部利益相关者和工程项目管理内部利益相关者共同承担起社会责任。

第二,科学发展观指导的工程项目管理强调不仅要考虑工程项目的自然属性,也要考虑工程项目的社会属性及对生态环境的影响。它的管理对象不仅仅是项目本身,而是将工程项目与其所在区域、流域看成一个完整的不可分割的系统。在整个工程管理活动中,要求优先考虑水资源的承载能力、生态系统的承载能力,与社会经济生态发展相适应。

第三,工程项目管理系统外部利益相关者包括政府、项目所在社区、项目移民、环保组织等。政府代表国家意志,具有最高的权威,因而对水利工程项目最具有发言权。政府应从维护社会利益和保证社会正常运转的需要出发,以社会公众利益代表和社会公众管理者的身份,通过国家立法和行政权力的形式,对水资源的开发利用合理规划、科学决策,完善法律法规,对水利工程项目的环境评价等方式,加大执行力度,强制企业履行社会责任。

第四,引进公民参与机制。项目所在社区、环保组织积极参与项目的建设过程的监督责任。工程开发企业积极加强内部管理,坚持全寿命周期成本理念,重创新,注重安全性与耐久性,做到环境、生态相协调,着实提高投资效益。对生态环境合理补偿、工程移民的合理安置,避免引起冲突和矛盾;在施工过程中,注意文明施工,减少对当地居民的干扰及环境的污染等,促进系统外部环境的和谐。

参考文献

[1]宏亮,于雪峰.水利工程随工[M].郑州:黄河水利出版社,2009.

[2]黄建文.水利水电工程项目管理[M].北京:中国水利水电出版社,2016.

[3]黄晓琳,马会灿.水利工程施工管理与实务[M].郑州:黄河水利出版社,2012.

[4]李京文.水利工程管理发展战略[M].北京:方志出版社,2016.

[5]彭尔瑞,王春彦,尹亚敏.农村水利建设与管理[M].北京:中国水利水电出版社,2016.

[6]彭立前.水利工程建设项目管理[M].北京:中国水利水电出版社,2009.

[7]石庆尧.水利工程质量监督理论与实践指南(第三版)[M].北京:中国水利水电出版社,2015.

[8]王海雷,王力,李忠才.水利工程管理与施工技术[M].北京:九州出版社,2018.

[9]王胜源,张身壮,赵旭升.水利工程合同管理[M].郑州:黄河水利出版社,2011.

[10]余明辉.水土流失与水土保持[M].北京:中国水利水电出版社,2013.

[11]郑霞忠,朱忠荣.水利水电工程质量管理与控制[M].北京:中国电力出版社,2011.

[12]中国水利工程协会.水利工程建设质量控制[M].北京:中国水利水电出版社,2010.

[13]赵启光.水利工程施工与管理[M].郑州:黄河水利出版社,2011.

[14]安继荣.水工建筑混凝土工程的施工及质量控制研究[J].建材与装饰,2018,(51):36-37.

[15]蔡兴杰.水利工程质量监督程序分析[J].水利科技与经济,2010,16(1):99-100.

[16]宋桂芹,任福斗.水利工程质量监督程序[J].吉林水利,2004,(8):37-39.

[17]田博.水利水电工程中土建施工的质量控制[J].建筑工程技术与设计,2018,(15):1800.

[18]佟涛.浅谈水利工程政府质量监督管理[J].水利天地,2013,(7):32-33.

[19]王春亚.浅析水利工程质量监督程序[J].中国新技术新产品,2011,(10):124.

[20]王平,刘福成,张朝晖.截渗墙工程施工质量控制[J].东北水利水电,2012,30

(11):24-27.

[21]伍春燕.浅析影响水利工程施工质量控制的主要因素[J].建筑工程技术与设计,2018,(32):2659.

[22]薛朝霞.以科技创新提升水利建设水平——评《水利与国民经济协调发展研究》[J].人民黄河,2019,41(06):161.

[23]姚治平.水工大坝碾压混凝土工程施工质量控制[J].中国科技投资,2016,(17):115-115.

[24]张四林.关于土石方工程施工的控制研究[J].城市建设理论研究(电子版),2015,(35):1811-1811.

[25]郝春明,陈运杰.大型水利枢纽加固改造工程建设管理实践与思考[J].中国水利,2015,(6):28-30.

[26]经瑞.水利工程地基处理关键技术探析[J].砖瓦世界,2019,(2):120,122.

[27]李海强,朱江旭.水利水电工程现场安全施工管理[J].装饰装修天地,2019,(10):249-250.

[28]李倩.农村水利工程建设进度管理的风险与控制措施[J].农村科学实验,2019,(2):93-94.

[29]李世珠.对水利工程建设质量安全的认识与思考[J].中国农村水利水电,2019,(3):155-156.

[30]张俊莲.水利工程建设安全生产管理对策浅析[J].中国水利,2019,(6):58-61.